ulmer

Bruno P. Kremer

STEINBACHS NATURFÜHRER
BLUMEN

Herausgegeben von Gunter Steinbach

518 Farbfotos
440 Zeichnungen

Inhalt

Einführung

NATUR AKTIV

Serviceseiten

Basiswissen Blumen

Blühende Kräuter sind besondere Bodenschätze. Ihre Vielfalt zu zeigen, die Blumenarten vorzustellen und zu ihrem Schutz anzuregen, ist ein besonderes Anliegen dieses Buches.

Krautige Pflanzen stellen den größten Teil der heimischen Flora. Die in diesem Buch vorgestellten 436 Wildblumen umfassen alle in Mitteleuropa häufigen und zusätzlich die besonders attraktiven, meist aber etwas selteneren Arten, die unseres besonderen Schutzes bedürfen. Sie stellen somit eine repräsentative Auswahl der heimischen Flora dar. Aufzunehmen waren aber auch viele Arten, die irgendwann aus Kulturen verwilderten oder aus anderen Regionen eingeschleppt wurden, sich nun wie Wildpflanzen verhalten und allgemein als solche angesehen werden. Solche Arten nennt man Archäophyten (wie Echte Kamille und Klatsch-Mohn), wenn sie den Weg in die heimische Flora schon in antiker Zeit gefunden haben, oder Neophyten, wenn sie erst nach der Entdeckung Amerikas (1492) nach Mitteleuropa gelangten (wie Knollen-Sonnenblume oder Franzosenkraut). Die hier behandelten Wildblumenarten finden sich in allen Lebensraumtypen, von den Salzwiesen der Küsten über die Randbiotope der Dörfer und Städte bis zu den Bergwäldern der Mittelgebirge sowie in den stehenden oder fließenden Gewässern heimischer Landschaften. Die Alpen mit ihrem in vieler Hinsicht eigenständigen und außerordentlich umfangreichen Artenbestand sind dagegen nicht berücksichtigt. Auch die formenreichen Gräser und grasähnlichen Blütenpflanzen wie Binsen und Seggen werden hier nicht behandelt.

Der Klatsch-Mohn zählt zu den Archäophyten.

Blüten und Blumen

Obwohl eine Blüte völlig anders aussieht als die beblätterten Abschnitte der Sprossachse, besteht sie – worauf erstmals übrigens der auch als Naturforscher bemerkenswerte Johann Wolfgang von Goethe hinwies – nur aus umgewandelten und ihrem jeweiligen Spezialauftrag angepassten Blättern. Entsprechend unterscheidet man bei den Blütenblättern von außen nach innen (bzw. unten nach oben): Kelch-, Kron-, Staub- und Fruchtblätter (siehe auch Musterpflanze, vordere Umschlaginnenseite). Nach rein formalen Kriterien lässt sich eine Blüte somit als unverzweigter Kurzspross definieren, der nur noch wenig in die Länge wächst und seine Blätter in dichter, gestauchter Folge trägt. Blüten stehen daher am Ende von Sprossachsen oder deren Seitenzweigen. Sie entwickeln sich erst, wenn eine Pflanze ihre Grundmasse aus Wurzeln und Stängeln erreicht und damit die Basis für ihre Vermehrungsphase geschaffen hat.

Blüten sind weitaus mehr als nur eine dekorative Zutat unserer Umwelt. In unserem Empfinden tief verankert, symbolisieren sie doch nachdrücklich Harmonie und Schönheit.

Deutliches Blütensignal für Insekten: die Heidenelke.

Werbung für wichtige Dienste

Manche Blüten fallen nicht weiter auf, weil sie vom Wind bestäubt werden und daher mit einfachsten Formen auskommen. Die meisten Blütenpflanzen sind für ihre Fortpflanzung und Verbreitung jedoch auf die Mithilfe durch Tiere angewiesen – ihre Blüten wurden deshalb zu attraktiven Werbeträgern in eigener Sache und locken tierische Besucher für die erwartete Leistung des Bestäubens an.

Eine Blüte wirbt indessen nicht nur als Farbklecks mit Fernwirkung, sondern bietet darüber hinaus ein komplettes Servicepaket mit Orientierungsplan, Bedienungsanleitung und hochwertiger Nahrung. Eine zuverlässig wirkende Lenk- und Landehilfe für Fluginsekten leistet beispielsweise das Prinzip Zielscheibe – der Farbkontrast zwischen Blütenzentrum und Blütenrand. Nahezu alle von Insekten bestäubten Blüten färben ihre Blütenmitte entweder deutlich heller oder wesentlich dunkler aus als die umgebenden Randbereiche der Blütenkrone. Beispiele sind die Ehrenpreis-Arten ebenso wie die heimischen Vertreter der Nelkengewächse. Schauen Sie doch einfach einmal beim Blütenangebot eines beliebigen Gartens nach. Die Blüten und Blumen signalisieren den anfliegenden Insekten damit hochwirksam, wo genau die hungrigen Gäste nach Nektar und Pollen zu suchen haben. Striche und andere Linienmuster, die auf das Blütenzentrum zulaufen (eindrucksvoll realisiert bei allen Stiefmütterchen), verstärken diese Wirkung. Außerdem vermitteln viele Blütenkronen auch noch hilfreich orientierende Signale im ultravioletten Licht – eine hochwirksame Farbqualität, die unseren menschlichen Augen aber leider nicht zugänglich ist. Wenn uns eine Blüte (wie die der Hahnenfuß-Arten) also etwas eintönig erscheinen sollte, liegt es sicher daran, dass wir ihre kräftigen UV-Kontraste nicht wahrnehmen können.

Unsere Blumen im Überblick

Blütenfarbe Weiß

Blütenfarbe Weiß

Blütenfarbe Gelb

Blütenfarbe Rot

Blütenfarbe Blau und Violett

Blütenfarbe unscheinbar

NATUR **AKTIV**

Action im Garten – von Luftflotten bis Nektarklau

Auch mit wenig Zeit für große Ausflüge kann man spannende Naturbeobachtungen machen – und interessante Erkenntnisse gewinnen. Schauen Sie zum Beispiel dem **Flugbetrieb** auf den Blumen im Garten oder Park zu.

Die Blüte ist ein **Saftladen** ...

Geschäftig eilen Bienen und viele andere Insekten von Blüte zu Blüte und übertragen den mitgebrachten Pollen.
Die Tiere übernehmen ihre Frachtaufträge allerdings nicht uneigennützig. Obwohl sie zunächst im Mittelpunkt steht, ist die **Pollenbeförderung** eigentlich nur ein Randeffekt. Die tierische Luftflotte hat an den Blüten nämlich ein viel vordergründigeres Interesse.
Insekten besuchen Blüten nur deswegen, weil es hier **besondere Leckereien** gibt, die ihnen den mühsamen Anflug versüßen. Nektardrüsen (Nektarien) an den Kronblättern produzieren hochkonzentrierte Zuckerlösungen. Viele Bestäuber können mit ihren spezialisierten Mundwerkzeugen nur diese energiereiche Flüssignahrung aufnehmen.
Sehen Sie sich beispielsweise – mit der Handlupe – bei unseren Schaumkraut- und Wolfsmilch-Arten oder den Doldenblütlern um: Sie bieten ihren Nektar ohne große Umstände an. Der gesamte Blütenboden trieft geradezu davon. Richtige Saftläden tun sich da auf. Die Trinkfestigkeit der Besucher hat allerdings ihre Grenzen. Sinnvollerweise ist der Verdauungstrakt der Insekten so bemessen, dass sie auch nach ausgiebigem Gelage ihr zulässiges **Abfluggewicht nicht überschreiten**.
Bei anderen Blüten werden Sie den Nektar nicht sofort sehen. Wo steckt er bei Klee, Taubnessel und Veilchen? Sie finden ihn, wenn Sie eine solche Blüte vorsichtig auseinanderzupfen. Auch die Insekten müssen erst umständlich danach suchen. Bei den genannten Arten befinden sich die Nektarien immer **tief an der Basis** oder gar in der hintersten Reihe der Kronblätter. Zufällig ist diese Platzierung nicht: Wenn ein Insekt tief in die Blüte kriecht und dort den Saugrüssel mit klebrigem Nektar beschmiert, bleibt daran beim Rückzug der Pollen besser kleben und landet beim Besuch der nächsten Blüte auf den ganz vorne stehenden Narben.

... oder eine **Imbissbude**

Wer nicht nur **Hochkonzentriertes** wie Nektar zu sich nehmen möchte, findet in der Blüte auch eine Menge **Knabberzeug**. Denn manche Blumenarten setzen ihren Besuchern ausgerechnet Pollen als Fast Food vor, der ja eigentlich zum Versand zu anderen Blüten gedacht ist. Wo also auf der Menükarte auch Knabberpollen steht, müssen die voraussichtlichen Verluste durch Überproduktion ausgeglichen werden.

Massenweise Pollen findet sich im Mohn.

Bei Klatsch-Mohn, Anemonen und Fingerkraut-Arten ist dies der Fall. In ihren Blüten suchen wir den Nektar vergebens. Dafür besitzen sie sehr zahlreiche Staubblätter. Im wahrsten Sinne **sackweise** steht hier der Pollen zur Verfügung. Den meisten Insekten, die in ein derart (blüten)verstaubtes Lokal einkehren, sehen Sie auch gleich an, dass sie sich so richtig reingesetzt haben – wenn sie sich anschließend wieder buchstäblich aus dem Staube machen.

NATUR TIPP

Werden Sie zum Blüten-Detektiv!

Manche Blütenbesucher umgehen die vorgesehene Rüsselroute. An den Blüten des Beinwells, einer verbreiteten heimischen Heilpflanze, können Sie am Grund der Blütenkrone ziemlich häufig kleine Bissstellen entdecken. Hier waren kurzrüsslige Hummel-Arten schlicht auf Nektarklau. Ähnliches passiert auch in den seltenen Fällen, wo sehr klein dimensionierte Bestäuberinsekten unter Umgehung des „offiziellen" Weges gleichsam in Blüten einbrechen, ohne eine Bestäubung zu leisten.

NATUR **AKTIV**

Täuschungsmanövern auf der Spur

Die Werbung arbeitet gerne und offensichtlich erfolgreich mit Übertreibungen. **Mogelpackungen und Etikettenschwindel** können Sie auch bei manchen Blüten aufdecken.

Nichts als **Make-up**

Haben Sie sich auch schon einmal über die seltsamen Punktmuster und Flecken auf den Kronblättern von Nelken oder Rotem Fingerhut gewundert? Zunächst einmal scheinen sie keinen besonderen Sinn zu haben. Erst bei „näherer Betrachtung" entschlüsselt sich das Signal: Es sind **aufgemalte Staubblätter**, die der fliegenden Kundschaft den Eindruck vermitteln sollen, hier seien besonders viele Pollensäcke auszuleeren. Die Besucherinsekten gehen diesem Täuschungsmanöver auf den Leim, suchen eine ganze Weile in der Blüte herum und setzen sich dabei den spärlich vorhandenen Pollen zur Beförderung an die nächste Blüte in den Pelz.

Mehr zeigen als man hat

Pralle Staubblattbüschel sind für pollensammelnde Insekten wie Blütenkäfer, Bienen oder Hummeln ein besonders wirksames Verführungssignal zur Blüteneinkehr. Bei vielen Pflanzen entspricht die Botschaft durchaus dem tatsächlichen Angebot. Andere Blüten tricksen ihre Besucherinsekten aber aus. Sehen Sie sich dazu beispielsweise die Blüten unserer **Königskerzen** an. Von ihren insgesamt fünf Staubblättern enthalten nur zwei tatsächlich ein wenig Blütenstaub. Die übrigen drei sind reine **Attrappe**. An den Staubblättern wird Ihnen eine dichte Behaarung auffallen. Für Insekten sieht es aus gewisser Entfernung so aus, als würde ihnen der Pollen hier haufenweise aufgetischt. Die Besucher fallen darauf herein und suchen auch hier wühlend in der Blüte nach Nahrung. Damit erhöht sich die Wahrscheinlichkeit, dass sie sich mit dem wenigen tatsächlich vorhandenen Pollen beladen.

Ganz **geschwollen** tun

Pollenkörner sind fast immer gelb. Sie kennen die kräftig leuchtenden Farben vom angewehten Blütenstaub auf Fensterbank und Autokarosserie, aber sicherlich auch vom Pollen tierbestäubter Blüten. Auch die Staubblätter sind oft knallgelb, wie bei Akelei, Hahnenfuß oder Himmelsleiter, und damit ein wesentlicher Bestandteil der Signalwirkung einer Blüte.

Häufig werden gelbe Farbe und staubblattrunde Formen aber auch als reiner **Blickfang** eingesetzt. Schauen Sie sich beliebige Blüten daraufhin einmal genauer an: Mitunter sehen Sie im Randbereich der Blütenkrone nur Ersatzstaubblätter! Diese können beispielsweise die

Der Rote Fingerhut lockt mit aufgemalten Pollensäcken.

Gestalt einer kräftig gelb gefärbten und ansehnlich rund gewölbten Unterlippe haben wie beim Frauenflachs, Mauer-Leinkraut oder Acker-Löwenmäulchen. In der Schaufensterauslage befindet sich hier also nur eine Attrappe. Die eigentlichen Staubblätter liegen tief versteckt im Blüteninneren.

NATUR TIPP

Besucher auf den Teppich stellen

Eine ganz normale Handlupe ist ein ungemein hilfreiches Werkzeug, um den Blüten durch noch genaueres Hinsehen ihre Geheimnisse zu entlocken. So gerüstet spüren Sie locker Fälle von Etikettenschwindel auf, beispielsweise bei vielen Schwertlilien-Arten. Die Deutsche Schwertlilie etwa rollt auf dem großen Landeplatz jeder ihrer drei Teilblüten einen gelben Teppich aus, der in der Nahansicht und aus der Perspektive des Blütenbesuchers geradezu wie eine ganze Hecke aus Staubblättern wirkt. Doch nichts ist es mit dem Superangebot: Statt der erhofften Staubbeutel stehen hier nur sterile, an der Spitze ein wenig dunkler gefärbte Haare.

NATUR **AKTIV**

An Wiesen verweilen

Halten Sie es für möglich, **stundenlang am Wiesenrand** zu liegen und dem bunten Treiben auf den vielen Pflanzenetagen zuzusehen? Warum nicht einfach mal ausprobieren?

Fülle zum **Reinsetzen**

Tintenblauer Salbei reckt sich neben leuchtenden Wucherblumen. Knallgelber Pippau wetteifert mit zartrosafarbener Esparsette, mit Hornklee und Wiesen-Lein. Dazwischen drängeln sich Bocksbart, Glockenblumen, Kronwicken, Klappertopf und Lichtnelken. Nicht zu vergessen das dichte Halmgewirr der Wiesengräser: Bewundern Sie die vielfältigen **Farbschattierungen** vom hellen Rauchblau des Knäuelgrases über das Gelb des Goldhafers bis zum kräftigen Purpur des Honiggrases. Eine richtig buntblumige Wiese in ihrer Vollblüte lässt Sie vermutlich einfach schwärmen – es sei denn, Sie haben etwas gegen Gräserpollen. Dann sollten Sie früh im Jahr anfangen.

Hoch und **Tief** im Jahresgang

Wiesen-Primel und Gänseblümchen eröffnen die Blühsaison schon **ab Ende März**. Ihnen folgt eine erste kräftige Gelbwelle mit Löwenzahn, abgelöst vom zarten Violett des Schaumkrautes und einer weiteren gelben Blühwelle mit Bocksbart, Hahnenfuß und Pippau. Schließlich erscheint die Wiese ganz in Weiß: Wiesen-Labkraut, Wucherblume, Wiesen-Kerbel und Schafgarbe bestimmen Ende Mai das Bild. Zuletzt setzen sich die blauen und rötlichen Blüher in Szene: Glockenblumen, Salbei, Storchschnabel, Wiesen-Klee, Flockenblumen und Lichtnelken werden Sie ab Juni entdecken – bis der Kreiselmäher alles flach legt.

Die Wiese hat zur Zeit der **Heuernte** ihren Tiefstand erreicht, sowohl in den Abmessungen der Wiesenpflanzen als auch in der Blütenflor. Zum **Spätsommer** ist sie aber wieder auf der Höhe: Bis zum zweiten Schnitt entwickelt die Futterweise einen zweiten Hochstand.

Leben auf allen Ebenen

Bei Betrachtung aus der **Bauchlage** werden Sie es sofort bemerken: Eine Wiese ist eine hochgradig vernetzte Lebensgemeinschaft mit artenreicher Wiesenfauna, die sich auf und zwischen der Wiesenflora bewegt.

Untergrundbewohner wie Maulwürfe und Regenwürmer bleiben meist im Verborgenen. Eventuell huschen eine Feldmaus oder ein Mauswiesel an Ihnen vorbei. Im Boden geht auch die Maulwurfsgrille auf Nahrungssuche. Sie können sie mit einem Grashalm aus ihrer Erdhöhle herauskitzeln.

Der **Boden** ist der Aktionsraum der Laufkäfer und der großen Bodenwanzen, dazu auch verschiedener Schnecken, Asseln und Ameisen. Weiter oben geht es noch bunter zu: Im Stängeldschungel

Dem regen Wiesentreiben zuschauen oder einfach genießen.

sind die Raupen vieler Schmetterlingsarten unterwegs. Blattläuse lassen sich mit frisch abgezapftem Zuckersaft volllaufen, und Marienkäfer sowie ihre violett-schwarzen Larven stöbern sie dabei unbarmherzig auf.

Auf den **höheren Etagen** liegen die Tagesverstecke der Heuschrecken und Nachtfalter. Die Tagfalter und Schwebfliegen, die so gefährlich nach Wespe aussehen, sind dieweil ganz oben unterwegs: Die zahlreichen Wiesenblumen empfehlen sich ihnen als gern besuchte Ausflugslokale. Das ist weitaus spannender als Fernsehen auf den Privatkanälen!

NATUR TIPP

Jede ist ein wenig anders

Vergleichen Sie verschiedene Wiesentypen und deren Blühmuster. Je nach Wasserangebot im Boden fallen die Blühwellen leicht unterschiedlich aus. Auf der Feuchtwiese wachsen ganz andere Arten als auf einem Trockenrasen. Dabei gilt eine überraschende Regel: Je trockener und nährstoffärmer der Untergrund, umso größer ist die Artenfülle. Fangen Sie diese mit Digitalkamera oder Foto-Handy ein – kalenderreife Motive sind dabei garantiert.

Weiße Seerose

Nymphaea alba · Familie Seerosengewächse

Schwimmblattpflanze mit großen, rundlichen Blättern an bis zu 3 m langen, biegsamen Stielen. ✿ Jun–Aug

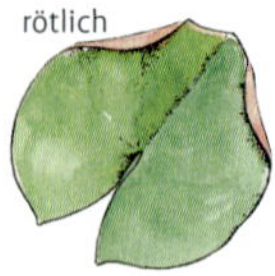

Ausdauernd; **Blatt**spreite am Stielansatz mit tiefer Kerbe, oberseits glänzend dunkelgrün, unterseits rötlich, kahl; **Blüten** 9–12 cm breit, 4 Kelch- und 15–25 weiße Kronblätter. **Vorkommen** Stehende und langsam fließende Gewässer, Altarme. Fast überall in EU; in D vom Tiefland bis ins Gebirge.

Kleine Seerose

Nymphaea candida · Fam. Seerosengewächse

Schwimmblattpflanze ähnlich der vorigen Art, in allen Teilen kleiner, Blätter bis zu 1,6 m lang gestielt. ✿ Jun–Aug

Ausdauernd; **Blätter** in den Basallappen mit gebogenen Hauptnerven; **Blüten** 6–8 cm breit, Kronblätter etwas kürzer als die Kelchblätter. **Vorkommen** Stehende Gewässer, meist in sauren, nährstoffarmen Moorseen. N- und O-EU, jedoch selten; in D sehr selten. §

Ähriges Christophskraut

Actaea spicata · Fam. Hahnenfußgewächse

Aufrecht, wenig verzweigt; riecht zerrieben nach Streichhölzern. ✿ Jul–Sep

Mehrjährig, bis 60 cm; **Blätter** lang gestielt, doppelt 3-zählig; **Blüten** 4-zählig, klein, weiß, in dichten Trauben; Staubblätter überragen Blütenhüllblätter weit, mehrsamige (Ausnahme in dieser Familie) schwarze Beeren, schwach giftig. **Vorkommen** Schattige Wälder. M.- und S-EU; in D im Mittelgebirge und den Alpen.

Busch-Windröschen

Anemone nemorosa · Fam. Hahnenfußgew.

Frühblüher mit typischen reinweißen oder hellrosa Einzelblüten. ✿ Feb–Apr

Mehrjährig, 5–20 cm hoch; **Blätter** gestielt, handförmig geteilt, Stängel mit einfacherem Hochblattquirl; **Blüten** 2–4 cm breit, mit 6 (–8) Kronblättern und zahlreichen Staubblättern. **Vorkommen** Laubwälder, Gebüsche, Auen, Bergwiesen. Häufig, in D teilweise massenhaft, in S-EU nur im Gebirge.

Wasser-Hahnenfuß

Ranunculus aquatilis · Fam. Hahnenfußgew.

Flutende Stängel, weiße Blüten oberhalb des Wasserspiegels. ✿ Mai–Aug

Mehrjährige, formenreiche Pflanze, Stängel bis 2 m lang; Schwimm**blätter** 3-teilig, Wasserblätter fein zerteilt; **Blüten** einzeln, bis zu 1,5 cm breit, lang gestielt, kronblattartige Nektarblätter weiß, mit gelbem Farbmal. **Vorkommen** Schwimmblattpflanzengürtel stehender oder träge fließender Gewässer. In ganz EU außer im N.

Flutender Hahnenfuß

Ranunculus fluitans · Fam. Hahnenfußgew.

Flutende Stängel und ausschließlich untergetauchte Blätter. ✿ Jun–Aug

Mehrjährig; Stängel reich verzweigt, bis 5 m lang; **Blätter** mehrfach geteilt, fadenartige Endabschnitte bis 10 cm lang; **Blüten** 2 cm breit, mit weißen, am Grund gelben Nektarblättern. **Vorkommen** Kühle, nicht allzu schnell fließende Bäche und Flüsse mit kiesigem Grund, in Schlammfluren. M.- und W-EU.

Weiße Seerose

Kleine Seerose

Ähriges Christophskraut

Busch-Windröschen

Wasser-Hahnenfuß

Flutender Hahnenfuß

Niederliegendes Mastkraut

Sagina procumbens · Fam. Nelkengewächse

Unscheinbar, Stängel nur 1–5 cm lang, liegend, Blüten winzig. ✿ Jan–Dez

Mehrjährig; **Blätter** gegenständig, bis 1,5 cm lang, um 1 mm breit, linealisch; **Blüten** meist 4- oder 5-zählig, um 2 mm breit, Kelchblätter größer als Kronblätter.
Vorkommen Nährstoffreiche Böden. In M.- und S-EU häufig.
Wissenswert! Bemerkenswert unempfindlich gegen Trittbelastung.

Quendelblättriges Sandkraut

Arenaria serpyllifolia · Fam. Nelkengewächse

Reich und locker verzweigt, graugrün, bis 20 cm hoch. ✿ Mai–Sep

Ein- bis zweijährig, formenreich; **Blätter** gegenständig, sitzend, eiförmig, spitz, höchstens 1 cm lang, am Rand drüsig bewimpert (Lupe!); **Blüten** 5-zählig, 6–8 mm breit, mit schmalen Kronblättern.
Vorkommen Auf sandigen, steinigen, zeitweilig trockenen Böden. In EU weit verbreitet.
Wissenswert! Kennart von Magerrasen.

Vogel-Sternmiere

Stellaria media · Familie Nelkengewächse

Meist liegend, 10–30 cm lang, Haarleiste zwischen Blattknoten. ✿ Jan–Dez

Einjährig, formenreich, unscheinbar; **Blätter** eiförmig, spitz; **Blüten** 4–7 mm breit, Kronblätter tief 2-spaltig, so lang wie Kelchblätter.
Vorkommen Nährstoffreiche Böden von Äckern, Gärten, Parkrasen, Rebfluren. Fast überall sehr häufig.
Wissenswert! Auch als Vogelmiere bekannt. Früher ein beliebtes Hühnerfutter.

Große Sternmiere

Stellaria holostea · Familie Nelkengewächse

Nur zur Blütezeit auffällig, 10–40 cm hoch, Stängel 4-kantig. ✿ Apr–Jun

Mehrjährig; **Blätter** gegenständig, steif, 3–7 cm lang, schmal lanzettlich; **Blüten** bis 2 cm breit, lang gestielt zu 6–15 in mehrfach gabelteiligem Blütenstand, Kronblätter 5, 2-spaltig.
Vorkommen Sandig-lehmige, mäßig saure Böden in Laub- und Mischwäldern. In EU sehr häufig.

Hain-Sternmiere

Stellaria nemorum · Familie Nelkengewächse

Etwa 20–50 cm hoch, aufrecht, ringsum behaart, mit Ausläufern. ✿ Mai–Sep

Mehrjährig; **Blätter** gegenständig, länglich herzförmig, am Rand bewimpert; **Blüten** 1–2 cm breit, zu wenigen an den Stängelenden, Kronblätter tief 2-spaltig, meist 3 Griffel.
Vorkommen Feuchte, schattige Auwälder. In EU weit verbreitet, aber weniger häufig als die Große Sternmiere.

Acker-Hornkraut

Cerastium arvense · Familie Nelkengewächse

Blütentriebe aufrecht, bis 30 cm, sterile Sprosse kürzer; behaart. ✿ Apr–Sep

Mehrjährig; wurzelt an den Knoten liegender Stängel; **Blätter** länglich, graugrün, in den Achseln häufig mit Blattbüscheln; **Blüten** bis 2 cm breit, zu 5–15 in gabeligem Blütenstand, Kronblätter bis auf 1/4 ihrer Länge eingekerbt.
Vorkommen An hellen, warmen Standorten. In EU fast überall häufig.

Niederliegendes Mastkraut

Quendelblättriges Sandkraut

Vogel-Sternmiere

Große Sternmiere

Hain-Sternmiere

Acker-Hornkraut

Weiße Lichtnelke

Silene latifolia · Familie Nelkengewächse

Reichblütige Staude mit aufrechtem, verzweigtem Stängel. ✰ Jun–Sep

Mehrjährig, bis 1 m hoch; **Blätter** breit lanzettlich; **Blüten** zweihäusig bzw. unvollständig zwittrig, bis 2 cm breit, auch hellrosa, öffnen abends, bestäubt durch Nachtfalter.
Vorkommen Äcker, Wegränder, Gebüsche, Säume, trockenere Böden. In EU weit verbreitet, häufig.

Gewöhnliche Lichtnelke

Silene vulgaris · Familie Nelkengewächse

Häufige Staude, mit festem, nicht klebrigem Stängel. ✰ Jun–Aug

Mehrjährig, bis zu 50 cm hoch; **Blätter** bläulich grün, kahl, länglich eiförmig bis lanzettlich; **Blüten** mit stark aufgeblasenem, netzadrigem, rötlichem Kelch (daher auch Taubenkropf- oder Aufgeblasenes Leimkraut genannt), Kronblätter tief 2-spaltig.
Vorkommen Trockenrasen, Gebüsche und Wegränder. Überall in EU.

Nickende Lichtnelke

Silene nutans · Familie Nelkengewächse

Pflanze mit unverzweigtem, meist klebrig behaartem Stängel. ✰ Jun–Aug

Mehrjährig, bis 50 cm hoch; Grund**blätter** spatelig, Stängelblätter lanzettlich; **Blüten** nickend, vor dem Aufblühen in einseitig überhängendem Blütenstand, öffnen und duften erst abends, Kronblätter weiß oder hellrosa, tief 2-spaltig.
Vorkommen Trockene Magerrasen, Felsfluren, lichte Eichenwälder, vor allem auf kalkhaltigen Böden. In EU weit verbreitet.
Wissenswert! Wegen des klebrigen Stängels auch Nickendes Leimkraut genannt.

Japan. Staudenknöterich

Fallopia japonica · Familie Knöterichgew.

Sehr schnell wachsende, kräftige Pflanze mit verzweigtem Stängel. ✰ Jul–Sep

Mehrjährig, bis 3 m hoch; Stängel hängt meist bogig über; **Blätter** gestielt, spitz, bis 20 cm lang, am Grund gestutzt; **Blüten** in Rispen.
Vorkommen Waldsäume, Gräben, Ufer, Brachen. Stammt aus O-Asien, um 1825 als Zier- und Bienenpflanze eingeführt, breitet sich seit 1950 stark aus.

Acker-Hederich

Raphanus raphanistrum · Fam. Kreuzblüteng.

Ackerwildpflanze mit aufrechtem, meist rau behaartem Stängel, Blüten weißlich oder gelb. ✰ Apr–Sep

Einjährig, bis 60 cm hoch; untere **Blätter** gefiedert, obere ungeteilt; **Blüten** bis zu 2 cm breit, Kronblätter weißlich oder schwefelgelb, dunkel geadert, Kelchblätter anliegend. Gliederschote mit 1-samigen Abschnitten.
Vorkommen Äcker, Gärten und Schuttstellen. Versauerungszeiger. In EU weit verbreitet. Wildpflanze von Rettich u. Radieschen. Kulturbegleiter seit der jüngeren Steinzeit.

Bitteres Schaumkraut

Cardamine amara · Fam. Kreuzblütengew.

Der Brunnenkresse recht ähnliche Pflanze an Feuchtbiotopen, mit aufrechtem, kantigem Stängel. ✰ Apr–Jun

Mehrjährig, bis 40 cm hoch; **Blätter** mit 3–5 Fiederpaaren, bitter; **Blüten** bis 1,2 cm breit, Staubbeutel rotviolett (vgl. Echte Brunnen-Kresse ⇨ S. 58).
Vorkommen Quellfluren, Gräben, Nasswiesen, Feuchtwälder; verträgt Schatten. Fast ganz EU, im S nur in Gebirgen, in M.-EU weit verbreitet.

Weiße Lichtnelke

Gewöhnliche Lichtnelke

Nickende Lichtnelke

Japanischer Staudenknöterich

Acker-Hederich
Kronblätter dunkel geadert

Bitteres Schaumkraut

Hirtentäschelkraut

Capsella bursa-pastoris · Fam. Kreuzblüteng.

20–40 cm hohe, formenreiche Pflanze mit aufrechtem, nur wenig verzweigtem, behaartem Stängel und gestielten, weißen Blüten. ✿ Feb–Nov

Ein- oder zweijährig, 20–40 cm hoch; **Blätter** der bodenanliegenden Rosette buchtig gelappt, Stängelblätter lanzettlich mit pfeilförmigem Grund; **Blüten** bis zu 5 mm breit, in lockerer, endständiger Traube, z. T. fast ganzjährig; **Schötchen** charakteristisch herzförmig, sitzen mit der Spitze dem Stiel an.

Vorkommen Lichtpflanze; Gärten, Äcker, Brachen, Schuttstellen, Wegränder. Überall in EU verbreitet, selbst in Großstädten.

Wissenswert! Alte Heilpflanze, bis heute in der Homöopathie verwendet. Auch als Zutat zu Wildsalaten geschätzt.

Acker-Hellerkraut

Thlaspi arvense · Fam. Kreuzblütengewächse

An den charakteristischen Früchten gut erkennbares Ackerwildkraut mit wenig verzweigtem, aufrechtem Stängel und zahlreichen, weißen Blüten. ✿ Mai–Sep

Einjährig, kahl, bis 40 cm hoch; Stängel glatt, kantig; Grund**blätter** gestielt, Stängelblätter sitzend mit pfeilförmiger Basis, Spreite verkehrt eiförmig, unregelmäßig grob gezähnt, beim Zerreiben charakteristisch lauchähnlicher Duft; **Blüten** bis 5 mm breit, in endständiger Traube; **Schötchen** breit geflügelt, etwa münzgroß.

Vorkommen Äcker, Gärten, Weinberge, Wegränder, Brachflächen, auf Kalkböden. In EU mit Ausnahme des SO überall verbreitet; in D häufig, fehlt nur in den höheren Mittelgebirgen.

Knoblauchrauke

Alliaria petiolaris · Fam. Kreuzblütengew.

Bis 100 cm hoch, beim Zerreiben charakteristisch nach Knoblauch duftend, Blüten klein, reinweiß. ✿ Apr–Jun

Einjährig oder einjährig überwinternd, mit aufrechtem, kantigem, unverzweigtem Stängel, dieser an der Basis abstehend behaart; **Blätter** wechselständig, lang gestielt, im Umriss breit dreieckig, hellgrün; **Blüten** in endständiger, oft lockerer Traube, Kronen bis zu 6 mm breit.

Vorkommen Waldränder, Waldlichtungen, Parkanlagen, Hecken. In EU mit Ausnahme der Mittelmeerländer weit verbreitet; in D auf nährstoffreichen Böden häufig.

Wissenswert! Das typische Aroma der auch als Lauchhederich bezeichneten Pflanze geht auf Senfölglykoside zurück. Man verwendet die K. als Wildgemüse oder -salat.

Echte Brunnen-Kresse

Nasturtium officinale · Fam. Kreuzblütengew.

Charakteristisch schmeckend, klein, an oder in stehenden Gewässern, Blüten reinweiß. ✿ Mai–Jul

Mehrjährig; Stängel liegend oder untergetaucht, etwa 50–80 cm lang; **Blätter** etwas dicklich, mit 2–3 Paar rundlicher Fiedern und größerer Endfieder, ganzrandig oder leicht gekerbt, auch im Winter dunkelgrün; **Blüten** etwa 9 mm breit, mit gelben Staubbeuteln.

Vorkommen Kleinere Flüsse, Bäche, Quellfluren, Gräben, meist nicht in stehenden Gewässern; auch in Gartenkultur. In EU weit verbreitet, fehlt in D außerhalb der Kalkgebiete.

Wissenswert! Alte Heilpflanze mit verdauungsfördernder Wirkung; wird als pikant schmeckender, vitaminreicher Wildsalat verwendet.

Hirtentäschelkraut

Acker-Hellerkraut

Knoblauchrauke

Echte Brunnenkresse

Echtes Löffelkraut

Cochlearia officinalis · Fam. Kreuzblütengew.

Bis 50 cm hoch, mit kantigem Stängel, wechselständigen, dunkelgrünen Blättern und zahlreichen, weißen Blüten in kopfig gedrängter Traube. ✿ Mai–Jul

Einjährig; Stängel verzweigt, aufrecht; untere **Blätter** in Rosette, lang gestielt, obere sitzend, Spreite rundlich bis keilförmig; **Blüten** bis 9 mm breit; angenehm duftend.

Vorkommen Salzhaltige Böden im Außendeichbereich, aber auch im Binnenland. An allen Küsten in W-EU bis zur Ostsee.

Ähnlich **Dänisches Löffelkraut** *Cochlearia danica*, bis 25 cm hoch, auch Stängelblätter gestielt, Blüten bis 5 mm breit; in Salzwiesen, auch entlang von Straßen.

Gewöhnliche Pfeilkresse

Cardaria draba · Fam. Kreuzblütengewächse

Bis 50 cm hoch, mit aufrechtem, nach oben stärker verzweigtem Stängel und zahlreichen, weißen Blüten in doldig abgeflachten Trauben. ✿ Mai–Jul

Mehrjährig; **Blätter** länglich eiförmig, buchtig gezähnt, an der Basis herzförmig und stängelumfassend, meist kahl, hellgrün; **Blüten** bis zu 6 mm breit.

Vorkommen Stein- und Geröllfluren, Schotter, Wegränder, Dämme, Böschungen, Brachen, fast immer auf trockenen Böden; Rohbodensiedler. Stammt aus Vorderasien und SO-EU; in D vor allem in den Kalkgebieten weit verbreitet.

Wissenswert! Die Art ist in unserer heimischen Flora ein sogenannter Neophyt: Sie wanderte erst im 18. Jahrhundert nach M.-EU ein.

Meerkohl

Crambe maritima · Fam. Kreuzblütengew.

Bis 70 cm hoch, Stängel aufrecht, reich verzweigt, kräftig, alle Teile bläulich, Blüten reinweiß. ✿ Mai–Jul

Frucht

Mehrjährig; **Blätter** lang gestielt, Spreite 30–50 cm lang, lappig gebuchtet bis ungleichmäßig wellig gezähnt; **Blüten** bis zu 1,2 cm breit, Kronblätter an der Basis in einen grünlichen Abschnitt verschmälert, Kelchblätter hellhäutig umrandet; **Schote** abgeflacht, im unteren Teil stielartig, im oberen kugelig mit nur 1 Samen.

Vorkommen vorwiegend auf salz- und stickstoffhaltigen Böden; nur Küstengebiete von W- und NW-EU, an der Nordsee nahezu fehlend (neuerdings auf Helgoland), an der Ostsee selten. Geschützt.

Wissenswert! Die Blätter und Stängel wurden früher in den Küstengegenden als Wildgemüse verzehrt.

Wasserfeder

Hottonia palustris · Familie Primelgewächse

Sehr auffällige Wasserpflanze mit verzweigtem Stängel und weißlichen bis hellrosfarbenen, im Schlund gelben Blüten. ✿ Mai–Jul

Mehrjährig, bis 50 cm hoch; **Blätter** wechsel- bis quirlständig, meist untergetaucht, allenfalls knapp über der Wasserfläche, kammförmig bzw. federartig gefiedert mit 5 mm schmalen Zipfeln; In den Blattachseln entspringen bündelweise fadendünne Wurzeln. **Blüten** bis zu 2,5 cm breit, zahlreich in Trauben auf 20–30 cm langem Schaft über der Wasseroberfläche.

Vorkommen Kalkarme, nährstoffreiche, stehende oder langsam fließende Gewässer, Altarme, Gräben, Moorseen. Vor allem im nördl. M.-EU und in N-EU; in D meist nur im nördlichen Tiefland, selten. §

Wissenswert! Übersteht das Einfrieren.

Echtes Löffelkraut
reife Schötchen geöffnet löffelförmig

Gewöhnliche Pfeilkresse

Meerkohl

Wasserfeder

Siebenstern

Trientalis europaea · Familie Primelgewächse

Bis 20 cm hoch, mit auffällig dünnem, aufrechtem Stängel und meist mehr als sechs weißen Kronblättern in der sternförmigen Blüte. ✩ Mai–Jul

Mehrjährig; Stängel, unverzweigt, im unteren Drittel immer blattlos; **Blätter** lanzettlich, glattrandig, kurz gestielt bis sitzend, unterschiedlich groß, am oberen Stängelabschnitt quirlig; **Blüten** einzeln auf langen Stielen in den Blattachseln, Kronen bis zu 1,5 cm breit.

Vorkommen Moosige Fichten- und Kiefernwälder, Laubmischwälder, Birken- und Heidemoore. N-EU; in D meist nur im nördlichen Tiefland und in den angrenzenden Mittelgebirgen, gelegentlich mit Forstpflanzen aus Skandinavien verschleppt.

Rundblättriger Sonnentau

Drosera rotundifolia · Familie Sonnentaugew.

Kleine, wenig auffällige, tierfangende Pflanze mit wenigen weißen Blüten an einem ungewöhnlich langen Schaft. ✩ Jun–Aug

Mehrjährig; **Blätter** sämtlich in grundständiger, dem Boden anliegender Rosette, lang gestielt, mit kreisrunder, knapp fingernagelgroßer Spreite, grünlich rot bis hochrot, auf der Oberseite mit lang gestielten Drüsen, die einen glitzernden, klebrigen Schleim absondern; daran bleiben Kleintiere (Fliegen, Spinnen) kleben und werden anschließend verdaut; **Blüten** 3–7 mm breit, weiß, zu wenigen an einer bogig überhängenden Traube, nur jeweils eine einzige Blüte geöffnet.

Vorkommen Hoch- und Übergangsmoore, seltener Nieder- und Heidemoore. In diesen Gebieten in ganz EU verbreitet. §

Langblättriger Sonnentau

Drosera anglica · Fam. Sonnentaugewächse

Dem Rundblättrigen Sonnentau sehr ähnlich, jedoch mit länglich ovalen, lang gestielten Blättern. ✩ Jun–Aug

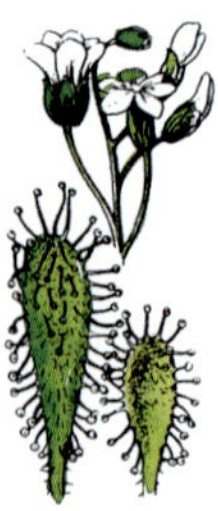

Blätter in grundständiger Rosette, meist aufgerichtet; **Blüten** an 10–30 cm hohem Schaft in der Rosettenmitte, Kronen weiß, 3–7 mm breit.

Vorkommen Nieder- und Hochmoore, auch zeitweise überschwemmte Böden. N- und M.-EU; in D fast überall selten. §

Wissenswert! An den glitzernden Klebtropfen von Sonnentau-Blättern bleiben meist bodenbewohnende Kerbtiere hängen. Zu deren Verdauung rollt sich das Blatt ein, und besondere Drüsen der Blattoberseite (nicht die Fangtentakel!) geben spezielle Enzyme ab, welche die Eiweißstoffe der Beute zerlegen.

Mittlerer Sonnentau

Drosera intermedia · Fam. Sonnentaugew.

Von ähnlichem Aussehen wie die schon vorgestellten Verwandten, aber mit breit ovalen Blättern. ✩ Jul–Aug

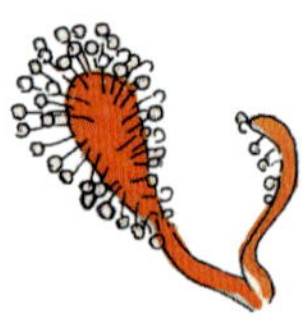

Blätter alle in Rosette, meist aufgerichtet, Fangtentakel meist nur am Rand ausgebreitet; **Blüten** an 4–10 cm hohem Schaft, der seitlich bogig von der Rosette aufsteigt, Kronen 3–7 mm breit, weiß.

Vorkommen Nasse, überflutete Stellen von Übergangs- und Hochmooren. In N- und M.-EU selten, im Alpenvorland zerstreut. §

Wissenswert! Die Tierfangtechnik funktioniert ebenso wie bei den anderen Sonnentau-Arten. Mit der Verdauung des tierischen Eiweißes erschließen sich die Pflanzen eine ergiebige Quelle für Stickstoffverbindungen.

Siebenstern

Rundblättriger Sonnentau

Langblättriger Sonnentau

Mittlerer Sonnentau

Sumpf-Herzblatt

Parnassia palustris · Fam. Herzblattgewächse

Bis zu 40 cm hoch, mit herzförmigen Blättern und großen, weißen Blüten. ✰ Jul–Sep

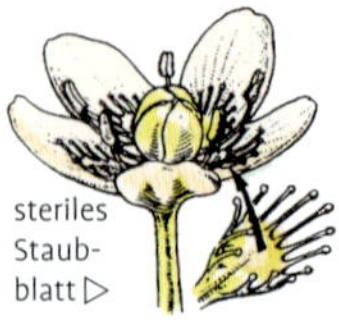

Mehrjährig; **Blätter** am Grund lang gestielt, fast ebenso lang wie breit; das einzige Stängelblatt im unteren Drittel des Stängels; **Blüten** einzeln endständig auf langem Stiel, bis zu 3 cm breit, weiße Kronblätter grünlich gestreift, 5 fruchtbare und 5 gelbe sterile Staubblätter.

Vorkommen Niedermoore, Sumpfwiesen, lichte Quellfluren, auch Kalkmagerrasen. In N- und M.-EU weit verbreitet; in D zerstreut, in den Alpen bis in 2500 m Höhe. §

Wissenswert! Die sterilen Staubblätter sehen wie reiche Pollen- und Nektarquellen aus; die meisten Blütenbesucher lassen sich davon täuschen.

Weiße Fetthenne

Sedum album · Familie Dickblattgewächse

5–20 cm hoch, in lockeren Rasen wachsend, Blätter kurz, dickfleischig, oft auffallend rot, Blüten reinweiß bis hellrosa. ✰ Jun–Sep

Mehrjährig; Stängel aufsteigend oder aufrecht; **Blätter** 6–12 mm lang, rundlich walzenförmig mit stumpfem Ende; **Blüten** bis zu 9 mm breit, zahlreich in rispigen, zu Scheindolden abgeflachten Blütenständen.

Vorkommen Sonnig trockene und offene Stellen, Mauern, Bahndämme, Felsbänder, Dächer, Halbtrockenrasen, Steinböden. In M.- und S-EU weit verbreitet, in D vor allem in den Weinbauregionen häufig und das Bild der Vegetation bestimmend.

Wissenswert! Diese Art ist die alleinige Futterpflanze für die Raupen des seltenen Apollofalters.

Knöllchen-Steinbrech

Saxifraga granulata · Familie Steinbrechgew.

20–50 mm hoch, Stängel aufrecht, schlank, kaum beblättert und behaart, Blüten strahlend weiß, in endständiger, lockerer Rispe. ✰ Apr–Mai

Mehrjährig, wintergrün; Grund**blätter** in Rosette, gestielt, rundlich nierenförmig, unregelmäßig gekerbt bis gezähnt, 1–3 cm breit und fast ebenso lang; **Blüten** bis zu 2,5 cm breit, Kelchblätter abstehend behaart.

Vorkommen Trockene, magere Wiesen, Säume, Gebüsche, Waldränder; meidet Kalkböden. In EU weit verbreitet; in D überwiegend in den Mittelgebirgen, fehlt im NW von D sowie in den Alpen. §

Wissenswert! Die Brutknöllchen am Stängelgrund in den Achseln abgestorbener Blätter dienen der vegetativen Vermehrung.

Dreifinger-Steinbrech

Saxifraga tridactylites · Fam. Steinbrechgew.

Nur 2–15 cm hoch, Stängel drüsig behaart, nur im Blütenstand verzweigt, Blüten weiß, zu wenigen in lockerer Rispe. ✰ Apr–Jun

Grundblätter

Einjährig; Stängel oft rötlich; **Blätter** überwiegend in grundständiger Rosette, an der Basis keilförmig verschmälert, vorn schmal 3-lappig (Name!), zur Blütezeit meist schon vertrocknet, Stängelblätter sitzend, einfach; **Blüten** 5–8 mm breit.

Vorkommen Mauerkronen, Felsfluren, Dünen, Bahnanlagen, Flachdächer mit Kiesschüttung. In EU weit verbreitet; in D meist zerstreut vorkommend und nur stellenweise häufig.

Wissenswert! Einzige einjährige Art der umfangreichen Gattung und eine der wenigen, die auch außerhalb der Alpen in Gesteinsfugen auftritt.

Sumpf-Herzblatt

Weiße Fetthenne

Knöllchen-Steinbrech

Dreifinger-Steinbrech

Echtes Mädesüß

Filipendula ulmaria · Familie Rosengewächse

Frisch und getrocknet stark duftend, mit vielen kleinen Blüten. ✰ Jun–Aug

Mehrjährig, 1–1,5 m hoch; Stängel aufrecht, verzweigt, kantig; **Blätter** abwechselnd groß und klein, (unterbrochen) gefiedert; **Blüten** 6–9 mm breit, Kronen gelblich weiß, in vielstrahligem scheindoldenartigem Blütenstand. **Vorkommen** Nasswiesen, Gräben, Ufer. Fast überall in N- und M.-EU verbreitet; in D häufig.

Wald-Erdbeere

Fragaria vesca · Familie Rosengewächse

Bekannte Waldpflanze, allerdings mit Verwechslungsarten. ✰ Mai–Jun

Mehrjährig, 5–25 cm hoch; mit Ausläufern; **Blätter** lang gestielt, 3-zählig, gezähnt, unterseits behaart; **Blüten** bis zu 1,5 cm breit, Kronblätter berühren sich meist am Rand. **Vorkommen** Wälder, Gebüsche, Säume. In EU weit verbreitet, in D fast überall häufig.

Erdbeer-Fingerkraut

Potentilla sterilis · Familie Rosengewächse

Sieht der Wald-Erdbeere ähnlich, hat aber trockene Früchte. ✰ Mär–Mai

Mehrjährig, wintergrün, 5–10 cm hoch; **Blätter** lang gestielt, 3-zählig, leicht bläulich, grob gezähnt; **Blüten** bis 1,5 cm breit, Kronblätter berühren sich nicht (vgl. Wald-Erdbeere). **Vorkommen** Lichte Laubwälder, Säume, Gebüsche; meidet Kalkböden. In EU weit verbreitet, in D mit Ausnahme des NW häufig.

Weiß-Klee, Kriech-Klee

Trifolium repens · Fam. Schmetterlingsbl.gew.

Formenreich, kriechend, an den Knoten wachsen Wurzeln. ✰ Mai–Sep

Mehrjährig, wintergrün, 5–15 cm hoch; **Blätter** gefiedert, breit oval, gezähnelt; **Blüten** 1 cm lang, duftend, später braun, herabhängend in 1–2 cm breiten Köpfen. **Vorkommen** Fettweiden, Wiesen, Rasen, Äcker. Überall in EU häufig. Bis zur Schneegrenze.

Berg-Klee

Trifolium montanum · F. Schmetterlingsbl.gew.

10–40 cm hoch, mit aufrechtem, seidig behaartem Stängel. ✰ Mai–Jul

Mehrjährig; **Blätter** 3-teilig, Teilblättchen (Fiedern) länglich-eiförmig; **Blüten** zu je 25–50 in 2 bis 3 kugelig-eiförmigen Köpfchen je Stängel, Kronen reinweiß bis gelblich-weiß, selten leicht rötlich.

Vorkommen Kalkhaltige, nährstoffarme Lehm- oder Tonböden, trockene Wiesen, lichte Wälder, Gebüschsäume. In EU weit verbreitet, fehlt im Tiefland.

Wissenswert! Die Pflanze wird von Bienen, Hummeln und Schmetterlingen bestäubt.

Hasen-Klee

Trifolium arvense · F. Schmetterlingsbl.gew.

10–30 cm hoch, Stängel aufrecht, verzweigt, Blüten weiß-rosa. ✰ Mai–Jul

Einjährig; **Blätter** 3-zählig, Fiedern linealisch, graugrün, bis 3 cm lang; **Blüten** etwa 3 mm lang, zahlreich in walzenförmig gestreckten, 1–2 cm langen Köpfen, Kelch weich und lang behaart.

Vorkommen Offene Sandfluren, Wegränder, Brachflächen. In EU häufig.

Echtes Mädesüß

Wald-Erdbeere
Kronblätter berühren sich

Erdbeer-Fingerkraut
Kronblätter berühren sich nicht

Weiß-Klee, Kriech-Klee

Berg-Klee

Hasen-Klee
Blütenstand fühlt sich samtig an

Weißer Steinklee
Melilotus alba · Fam. Schmetterlingsbl.gew.

Hohe Pflanze mit verzweigtem Stängel und Blüten in Trauben. ✿ Mai–Jul

Zweijährig, bis 1,2 m hoch; **Blätter** wechselständig, 3-zählig gefiedert, grob gezähnt, kahl; **Blüten** bis 7 mm lang, zahlreich in 5–8 cm langer Traube. **Vorkommen** Auf steinigen und trockenen Brachen; Wegränder, Säume. In EU weit verbreitet.

Wald-Sauerklee
Oxalis acetosella · Fam. Sauerkleegewächse

Kleine hellgrüne Waldbodenpflanze mit kleeähnlichen Blättern. ✿ Apr–Mai

Mehrjährig, 5–15 cm hoch; **Blätter** lang gestielt, 3-zählig gefiedert, falten und senken sich bei Dunkelheit, saurer Geschmack durch Oxalsäure; **Blüten** lang gestielt, rosa geadert. **Vorkommen** Frische bis feuchte Laub- und Mischwälder, Gebüsche; Schattenpflanze. In EU fast überall verbreitet.

Rundblättriges Wintergrün
Pyrola rotundifolia · Familie Heidekrautgew.

Dunkel- und immergrüne Schattenpflanze, eher unauffällig. ✿ Jun–Sep

Mehrjährig; meist unverzweigt; **Blätter** in einer Rosette; **Blüten** bis 1 cm breit, nickend, zu 10–20 in bis zu 20 cm hoher Traube, Krone glockig, vom Griffel weit überragt. **Vorkommen** Wälder und Gebüsche der Mittelgebirge von M.- und N-EU. Fast überall selten, fehlt im Tiefland. §

Einblütiges Moosauge
Moneses uniflora · Fam. Heidekrautgew.

Dunkel- und immergrüne Pflanze, mit nur einer Blüte. ✿ Mai–Aug

Mehrjährig; **Blätter** in Rosette, lederig, gezähnt; **Blüten** bis 2,5 cm breit, am bis 20 cm hohen Stängel, weiß oder rötlich; Griffel hellgrün. **Vorkommen** Moosige Nadelwälder, seltener bodensaure Eichenwälder. Höhere Mittelgebirge von M.- und N-EU sowie nördliche Kalkalpen. Relativ selten. §

Dolden-Winterlieb
Chimaphila umbellata · Fam. Heidekrautgew.

Immergrün, mit aufsteigendem oder aufrechtem Stängel. ✿ Jun–Aug

Mehrjährig, 10–20 cm hoch; **Blätter** oval, lederig, glänzend; **Blüten** bis 2 cm breit, in endständiger Dolde, hellrosa bis weiß. **Vorkommen** Lichte Misch- und Nadelwälder. Selten in N- und M.-EU, fehlt im NW von D. § **Wissenswert!** Die Samen (0,004 mg) gehören zu den leichtesten unserer Flora.

Fichtenspargel
Monotropa hypopitys · F. Heidekrautgew.

Bleiche Pflanze mit fleischigem, bis 30 cm hohem Stängel. ✿ Jun–Jul

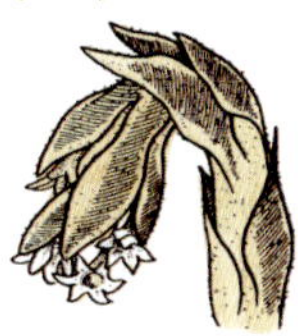

Mehrjährige Art, ohne Blattgrün. **Blätter** schuppenförmig; **Blüten** glockig, zu 8–15 in nickender Traube. **Vorkommen** Misch- und Nadelwälder mit moderigem Rohhumus. In EU weit verbreitet, in D fast überall selten. § **Wissenswert!** Keine Photosynthese, ernährt sich mit Hilfe von Bodenpilzen.

Weißer Steinklee

Wald-Sauerklee

Rundblättriges Wintergrün

Einblütiges Moosauge

Dolden-Winterlieb
Blüten oft auch reinweiß

Fichtenspargel

Wald-Sanikel

Sanicula europaea · Fam. Doldenblütengew.

Bis 50 cm hoch, Stängel aufrecht, wenig verzweigt, Blüten weiß oder rosa, zu mehreren in kopfigen Döldchen. ✿ Mai–Jul

Mehrjährig; Grund**blätter** lang gestielt, im Umriss rundlich, tief handförmig geteilt mit fein gezähnten Lappen, etwas lederig, immergrün; Stängelblätter sehr kurz gestielt, fehlen oft ganz; **Blüten** klein, in den Döldchen außen meist rein ♂, innen überwiegend zwittrig.

Vorkommen Krautreiche, humose Laub- und Mischwälder; kalkliebend. In EU weit verbreitet; in D zerstreut, bis in 1600 m Höhe, im Norddeutschen Tiefland selten.

Wissenswert! Früher war die Pflanze als Heilmittel sehr geschätzt, heute wird sie medizinisch nicht mehr verwendet.

Große Sterndolde

Astrantia major · Familie Doldenblütengew.

30–100 cm hoch, Stängel aufrecht, kahl, wenig verzweigt, Blüten zahlreich in sternförmiger Dolde. ✿ Jul–Aug

Blätter geteilt, Lappen grob gezähnt, die beiden seitlichen oft verwachsen; Grundblätter lang gestielt, 10–20 cm breit, Stängelblätter kleiner; **Blüten** sehr klein, weißlich, Hüllblätter lanzettlich bis oval.

Vorkommen Bergwiesen, Bergwälder, Hochstaudenfluren; vorwiegend auf kalkhaltigem Lehmboden. Im südlichen M.- sowie in S-EU, fehlt in D im N und NW, im Gebirge bis in 2000 m Höhe.

Wissenswert! Die sternförmig ausgebreiteten Hüllblätter lassen die Blütendolde wie eine besonders üppige Einzelblüte erscheinen.

Breitsame

Orlaya grandiflora · Fam. Doldenblütengew.

10–30 cm hoch, mit aufsteigendem oder aufrechtem Stängel und reinweißen Blüten. ✿ Jun–Aug

Einjährig; Stängel meist wenig verzweigt; **Blätter** einfach oder 2- bis 3-fach gefiedert mit schmalen, an der Spitze gelblichen Zipfeln; **Blüten** in zusammengesetzter Dolde; jedes Döldchen mit stark vergrößerten Randblüten (deren Kronen bis 1,5 cm lang).

Vorkommen Äcker, Brachen, Wegränder. Nur auf Kalk und Lehm- bzw. Tonböden. Vor allem in S-EU; im Mittelmeerraum häufig, in D nur in ausgesprochenen Wärmegebieten (v.a. Weinbergregionen).

Wissenswert! Durch die stark vergrößerten Randblüten erscheint die Dolde wie eine riesige Einzelblüte mit großer Lockwirkung auf die bestäubenden Insekten.

Hundspetersilie

Aethusa cynapium · Fam. Doldenblütengew.

20–100 cm hoch, Stängel aufrecht, bläulich bereift, oft rötlich überlaufen, Blüten weiß, in zusammengesetzter Dolde. ✿ Jun–Aug

Einjährig; **Blätter** 2- bis 3-fach gefiedert, mit meist schmalen, zipfeligen Abschnitten, oberseits glänzend dunkelgrün (bei der ähnlichen Garten-Petersilie matt!); **Blüten** zahlreich, die zusammengesetzte Dolde mit 10–20 Strahlen, ohne Hüllblätter, an der Außenseite der einzelnen Döldchen je 3 herabhängende Hüllchenblätter.

Vorkommen Brachen, Hackfruchtäcker, Weinberge, Gärten, Schutt- und Abfallstellen; nährstoffreiche Lehmböden. In M.-EU weit verbreitet; in D stellenweise häufig.

Wissenswert! Sehr giftiger Vertreter ihrer Familie. Verwechslung mit glattblättriger Garten-Petersilie kann zu tödlichen Vergiftungen führen. Die Symptome reichen von Mundbrennen und Erbrechen über Schüttelkrämpfe bis zur Atemlähmung.

Wald-Sanikel

Große Sterndolde

Breitsame
lange Kronblätter am Doldenrand

Hundspetersilie

Hecken-Kälberkropf

Chaerophyllum temulum · F. Doldenbl.gew.

30–150 cm hoch, mit aufrechtem, rundem, steifhaarigem und vor allem im unteren Teil rot geflecktem Stängel und weißen Blüten. ✿ Mai–Jul

Zweijährig; Stängel unterhalb der Blattknoten deutlich verdickt; **Blätter** doppelt gefiedert, Fiedern am Rand gekerbt, durch kurze Behaarung graugrün; **Blüten** zahlreich in zusammengesetzten Dolden, die Dolden ohne Hüllblätter, die einzelnen Döldchen hingegen jeweils mit einem Hüllchen aus 4–8 schmalen, bewimperten Blättern.

Vorkommen Parkanlagen, Gärten, Waldränder, Schuttstellen; bevorzugt auf stickstoffreichen Böden (Zeigerpflanze!). In EU weit verbreitet; in D vor allem im Tiefland, im Bergland nur bis in 600 m Höhe.

Wissenswert! Die Pflanze ist in allen Teilen giftig, für den Menschen wie für Weidetiere. Beim Verzehr ruft sie Lähmungen hervor (daher auch „Taumel-Kälberkropf").

Behaarter Kälberkropf

Chaerophyllum hirsutum · F. Doldenbl.gew.

40–90 cm hoch, mit aufrechtem, drehrundem, gerilltem, fein behaartem oder kahlem Stängel und weißen, seltener rosa Blüten. ✿ Mai–Jul

Mehrjährig, formenreich; Stängel unter den Blattansatzstellen nicht auffällig verdickt, erst im oberen Drittel verzweigt; **Blätter** wechselständig, oberseits mattgrün, unterseits glänzend, 3- bis 4-fach gefiedert, Fiedern ihrerseits fiederteilig sowie tief und unregelmäßig gezähnt; **Blüten** etwa 3 mm breit, 5-zählig, am Rand bewimpert, zahlreich in zusammengesetzten Dolden ohne Hülle mit 10–20 Döldchen, diese mit 5–10 häutig umsäumten und bewimperten Hüllchenblättern.

Vorkommen Feuchtwiesen, Ufer, Grabenränder, Hochstaudenfluren, Auenwälder; bevorzugt auf feuchtem, humosem, Lehmboden. In EU weit verbreitet, fehlt in D im Tiefland, meist in den Mittelgebirgen. In den Alpen bis auf etwa 2000 m.

Gefleckter Schierling

Conium maculatum · Fam. Doldenblütengew.

1–2 m hoch, Stängel fein gerillt, bläulich bereift, unten auffällig rotbraun gefleckt, Blüten weiß. ✿ Jun–Aug

Blätter sehr groß, 2- bis 4-fach gefiedert, oberseits dunkelgrün, unterseits graugrün, duften beim Zerreiben unangenehm nach Mäusen; **Blüten** bis 2 mm breit, zu jeweils etwa 8–20 in kleinen Döldchen, diese in zusammengesetzten Dolden mit vielblättriger Hülle.

Vorkommen Brachen, Hecken, Gärten, Wegränder, Schuttstellen, Mauern, Hochstaudenfluren. In EU weit verbreitet, bis S-Skandinavien; in D stellenweise häufig.

Wissenswert! Alle Pflanzenteile sind durch das Alkaloid Coniin tödlich giftig, das das Atemzentrum lähmt. Im Altertum wurden damit Todesurteile vollstreckt (Sokrates).

Gift-Wasserschierling

Cicuta virosa · Fam. Doldenblütengewächse

Bis 120 cm hoch, mit aufrechtem, kahlem, graugrünem Stängel und reinweißen Blüten. ✿ Jun–Aug

Mehrjährig; **Blätter** groß, bis 3-fach gefiedert, Fiedern schmal lanzettlich, scharf gezähnt, bis zu 8 cm lang; **Blüten** zahlreich in zusammengesetzten Dolden mit wenigen Hüll- und vielen Hüllchenblättern.

Vorkommen Gräben, Ufer, Röhrichte, Sümpfe, Altarme von Flüssen; bevorzugt auf staunassen und zeitweise überschwemmten Böden. In M.- und N-EU weit verbreitet; in D meist nur zerstreut.

Wissenswert! Gehört mit dem Gefleckten Schierling zu den giftigsten heimischen Pflanzenarten. Schon der Verzehr von 2–3 g der Pflanze kann tödlich sein.

Hecken-Kälberkropf

Behaarter Kälberkropf

Gefleckter Schierling

Gift-Wasserschierling

Wiesen-Kerbel

Anthriscus sylvestris · Fam. Doldenbl.gew.

50–150 cm hoch, Stängel verzweigt, gerillt, Blüten zahlreich, weiß, in zusammengesetzten Dolden. ✿ Apr–Aug

Zwei- oder mehrjährig; Stängel nur an der Basis rau behaart, niemals rötlich gefleckt; **Blätter** groß, 2- bis 3-fach gefiedert, Fiedern lanzettlich, oberseits glänzend dunkelgrün, unterseits hellgrün, kahl; **Blüten** meist ohne Hülle, Döldchen mit 4–8 schmalen Hüllchenblättern.

Vorkommen Waldränder, Gebüsche, Säume, Böschungen, Brachen; auf nährstoffreichen Böden. In M.- und N-EU weit verbreitet, in S-EU selten; in D sehr häufig.

Wissenswert! Der Hautkontakt mit frisch geschnittenen Pflanzenteilen kann die sogenannte Wiesendermatitis mit Ausschlag auslösen.

Große Bibernelle

Pimpinella major · Fam. Doldenblütengew.

40–90 cm hoch, Stängel aufrecht, kantig gefurcht, bis oben beblättert, Blüten weiß bis rosa, in zusammengesetzter Dolde. ✿ Jun–Sep

Mehrjährig; **Blätter** unpaarig einfach gefiedert, Fiedern bis zu 4 cm lang, gezähnt, Endfieder schwach gelappt; **Blüten** zahlreich, Dolde 3–6 cm breit, mit 10–15 dünnen Strahlen, ohne Hüll- und Hüllchenblätter.

Vorkommen Hochstaudenfluren, Fettwiesen, Gebüsche, Waldsäume; meist auf feuchten, nährstoffreichen Lehmböden. In EU weit verbreitet; fehlt in D im nordwestlichen Tiefland, sonst fast überall häufig.

Wissenswert! Enthält ätherisches Öl und scharf schmeckende Stoffe, die auch medizinisch genutzt werden. Die Blüten werden von Käfern und Fliegen bestäubt.

Wiesen-Bärenklau

Heracleum sphondylium · F. Doldenbl.gew.

80–160 cm hoch, Stängel aufrecht, borstig steif behaart, kantig gefurcht, Blüten weiß, in zusamengesetzten Dolden. ✿ Juni–Sep

Frucht

Mehrjährig; **Blätter** grob gefiedert oder stark gelappt, oberseits dicht steifhaarig, grob gezähnt, derb, mit gestreifter Blattscheide; **Blüten** zahlreich, Dolden 5–15 cm breit, mit fehlender oder höchstens 6-teiliger Hülle und zahlreichen Hüllchenblättern.

Vorkommen Fettwiesen, Wegränder, Gebüsche, Schuttstellen, Brachflächen. In EU weit verbreitet; in D meist sehr häufig.

Wissenswert! Die nach außen hin stark vergrößerten Randblüten lassen die Dolde als übergroße Blume erscheinen.

Riesen-Bärenklau

Heracleum mantegazzianum · Fam. D.bl.gew.

1–4 m hoch, Stängel aufrecht, kantig gefurcht, Blüten weiß, in riesigen Dolden. ✿ Jun–Sep

Zwei-, seltener mehrjährig, kräftiger Stängel am Grund armdick, **Blätter** sehr groß, Grundblätter mit Stiel bis über 2 m lang, Stängelblätter mit auffällig vergrößerter Blattscheide, tief 3- bis 5-teilig mit fiederteiligen, spitzen Abschnitten, unterseits kurz behaart; **Blüten** in 10–50 cm breiten Dolden, diese mit jeweils 50–100 Strahlen ohne Hülle, aber mit zahlreichen Hüllchenblättern.

Vorkommen Weg- und Waldränder, Staudenfluren, Böschungen, Brachflächen. Wurde als Bienenweide und Zierpflanze aus dem Kaukasus nach M.-EU eingeführt, inzwischen vielerorts eingebürgert.

Wissenswert! Der Saft enthält Stoffe, die bei Hautkontakt und anschließender Sonnenbestrahlung schwere, schmerzhafte Entzündungen hervorrufen können.

Wiesen-Kerbel

Große Bibernelle
Blüten oft auch weiß

Wiesen-Bärenklau
Laubblätter sehr rauhaarig

Riesen-Bärenklau
Pflanze nicht berühren!

Wiesen-Kümmel

Carum carvi · Familie Doldenblütengewächse

Ästiger Stängel; alle Teile duften beim Zerreiben aromatisch. ✿ Apr–Jun

Zweijährig, 30–80 cm hoch; **Blätter** fein gefiedert, scheinbar quirlständig; **Blüten** in Dolden mit ungleich langen Strahlen, meist ohne Hülle und Hüllchen.

Vorkommen Fettwiesen, Fettweiden, Wegränder. In EU fast überall verbreitet; in D eher in kühlen Gebirgslagen, im Tiefland selten.

Giersch, Geißfuß

Aegopodium podagraria · Fam. Doldenbl.gew.

Hellgrüne Wald- und Gebüschpflanze mit kantigem Stängel. ✿ Jun–Jul

Mehrjährig, bis 1 m hoch, duftet beim Zerreiben nach Mohrrübe; **Blätter** gefiedert, Fiedern oval, gezähnt, bis 4 cm breit, 10 cm lang; **Blüten** in Dolden ohne Hülle und Hüllchen.

Vorkommen Nährstoffreiche Waldränder, Gebüsche, Gärten. Überall in EU; in D häufig.

Wilde Möhre

Daucus carota · Fam. Doldenblütengewächse

Auf trockenen Standorten mit borstigem Stängel, feine Blätter. ✿ Mai–Sep

Zweijährig, bis 90 cm hoch; **Blätter** graugrün, mehrfach gefiedert, sehr schmale Endzipfel, riechen zerrieben nach Möhren; zentrale **Blüte** oft purpurn, übrige weiß, in Dolden, feine Hüll- und Hüllchenblätter.

Vorkommen Wiesen, Halbtrockenrasen, Raine. M.- und S-EU; in D häufig.

Wald-Engelwurz

Angelica sylvestris · Fam. Doldenbl.gewächse

Große Wald- und Uferpflanze, Stängel rund, glatt, weißlich bereift. ✿ Jul–Sep

Zweijährig, 1–1,5 m hoch. **Blätter** bis 3-fach gefiedert, mit bauchiger Blattscheide, Fiedern oval; **Blüten** auch grünlich od. rötlich, in Dolden ohne Hülle, aber vielzähligem Hüllchen.

Vorkommen Laub- u. Mischwälder, Auen, Nasswiesen, Ufer, Gräben. Fast überall in EU; in D weit verbreitet, bis 1700 m Höhe.

Schwalbenwurz

Vincetoxicum hirundinaria · F. Immergrüngew.

Auf Offenland, mit cremeweißen Blüten aus den Blattachseln. ✿ Mai–Aug

Mehrjährig, 40–70 cm hoch; **Blätter** gegenständig, länglich, am Grund herzförmig, leicht bläulich; **Blüten** in Trauben, 5–7 mm breit, halten mit Klemmfallen-Mechanismus Bestäuber (Fliegen) kurz fest.

Vorkommen Lichte Wälder, trockenes Offenland. In EU weit verbr.; in D zerstreut.

Fieberklee

Menyanthes trifoliata · Fam. Fieberkleegew.

Sumpf- und Moorpflanze mit kleeartig gefiederten Blättern. ✿ Mai–Jul

Mehrjährig, 15–30 cm hoch; **Blätter** lang gestielt, Fiedern bis 10 cm lang; **Blüten** 1–1,6 cm breit, in aufrechter Traube, Kronblätter anfangs rötlich, dann weiß, am Rand stark behaart. Schwach giftig.

Vorkommen Sümpfe, Moore. N- und M.-EU; in D weit verbreitet, aber meist selten. §

Wiesen-Kümmel

Giersch, Geißfuß

Wilde Möhre

Wald-Engelwurz

Schwalbenwurz

Fieberklee

Gewöhnliche Zaunwinde

Calystegia sepium · Familie Windengewächse

Dekorative, 1–3 m lange Kletterpflanze mit windendem Stängel. ✿ Jun–Sep

Mehrjährig; **Blätter** herzförmig, bis zu 15 cm lang; **Blüten** trichterförmig, bis 5 cm lang und breit, schließen nachts und bei trübem Wetter, Kelchblätter klein, 2 grüne, herzförmige Vorblätter.
Vorkommen Hecken, Zäune, Gärten, Gebüsche. In EU verbreitet; in D häufig.

Europäische Seide

Cuscuta europaea · Familie Windengewächse

Bleiche Kletterpflanze mit feinen Stängeln, ohne Wurzeln. ✿ Jun–Sep

Einjähriger Vollparasit; Stängel verzweigt, bis zu 1 m lang; **Blätter** schuppenförmig, bleich; **Blüten** winzig, weißlich bis rötlich, zahlreich in rund 1 cm großen, kugeligen Köpfchen.
Vorkommen Auf Brennnesseln, Weiden oder Beifuß an Ufern und Hecken. In EU weit verbreitet; in D meist zerstreut.

Wiesen-Labkraut

Galium album · Familie Rötegewächse

Wiesenpflanze mit kantigem, kahlem, recht dünnem Stängel. ✿ Mai–Okt

Mehrjährig, 30–100 cm hoch; **Blätter** im mittleren Stängelbereich zu je 6–9 in Wirteln, linealisch; **Blüten** 2–4 mm breit, reinweiß, sehr zahlreich in lockeren, endständigen Rispen, Kronzipfel spitz, ausgebreitet.
Vorkommen Fettwiesen, Gebüsche, Wald- und Wegränder. Überall in EU häufig.

Kletten-Labkraut, Klebkraut

Galium aparine · Familie Rötegewächse

Kletterpflanze mit Widerhaken und wirteligen Blättern. ✿ Mai–Okt

Einjährig, 30–150 cm hoch; **Blätter** linealisch, randlich sehr rau, meist zu 6–8 in Wirteln; **Blüten** klein, grünlich weiß, zu 2–7 rispig in den oberen Blattachseln; Früchte kugelig, mit Hakenhaaren besetzt, dadurch „Kleb"-Effekt.
Vorkommen Äcker, Brachen, Gärten, Gebüsche, Wälder. In EU überall häufig.

Waldmeister

Galium odoratum · Familie Rötegewächse

Wohlriechende Waldbodenpflanze mit mit wirteligen Blättern. ✿ Apr–Mai

Mehrjährig, 10–30 cm hoch; **Blätter** bis 4 cm lang, gezähnelt, beim Welken intensiv duftend; **Blüten** zahlreich in Scheindolden, Krone bis 5 mm breit; Früchte mit steifen Hakenhaaren. Leicht giftig (Cumaringehalt)!
Vorkommen Laub- und Mischwälder, Gärten. In M.- und W-EU weit verbreitet. Für Wildblumengärten empfehlenswert.

Wald-Labkraut

Galium sylvaticum · Familie Rötegewächse

Dem Waldmeister ähnlich, aber größer und leicht bläulich bereift. ✿ Jun–Sep

Mehrjährig, 30–120 cm hoch; **Blätter** bis 1 cm breit und 4 cm lang, leicht bläulich bereift; **Blüten** cremeweiß, etwa 2 mm breit, zahlreich in lockeren, endständigen Rispen.
Vorkommen Laubwälder, Gebüsche, Kahlschläge. In M.-EU weit verbreitet, vor allem in den Mittelgebirgen; fehlt in der Norddeutschen Tiefebene weitgehend.

Gewöhnliche Zaunwinde

Europäische Seide

Wiesen-Labkraut

Kletten-Labkraut, Klebkraut

Waldmeister

Wald-Labkraut

Gewöhnlicher Feldsalat

Valerianella locusta · Fam. Geißblattgew.

5–20 cm hoch, mit bodenanliegender Blattrosette und aufrechtem Stängel, Blüten bläulich weiß, zahlreich in endständigen Scheindolden. ✿ Apr–Mai

Formenreich, einjährig; Stängel meist gabelig verzweigt; **Blätter** spatelförmig bis verkehrt eiförmig, hell- oder dunkelgrün, glattrandig oder unregelmäßig gekerbt, Stängelblätter gegenständig; **Blüten** ziemlich klein, Scheindolden mit kurzen Tragblättern.

Vorkommen Äcker, Wegränder, Weinberge, Hecken, Mauern, Gärten, Halbtrockenrasen. In EU weit verbreitet; in den meisten Gegenden von D häufig, oft aus Gartenkultur verwildert und an Schuttstellen dauerhaft oder vorübergehend eingebürgert.

Wissenswert! Der G. F. wird auch Rapunzel genannt.

Echter Baldrian, Arznei-B.

Valeriana officinalis · Fam. Geißblattgew.

Bis 1,5 m hoch, Stängel aufrecht, etwas gefurcht, erst oben verzweigt, Blüten zahlreich, weiß oder rosa. ✿ Jun–Aug

Mehrjährig; **Blätter** gegenständig, unpaarig gefiedert, Fiedern glattrandig oder gesägt; **Blüten** in dichten, halbkugeligen, rispigen Scheindolden am Stängelende oder in den oberen Blattachseln, Kronen 2–4 mm breit.

Vorkommen Wiesen, Waldränder, Gebüsche, Ufer, Gräben, auf feuchten Böden. In EU weit verbreitet, so auch in D.

Ähnlich **Kleiner Baldrian** *Valeriana dioica*, nur bis 30 cm hoch, Grundblätter ungeteilt, Stängelblätter unpaarig gefiedert; zweihäusig, ♂ Blüten rötlich, ♀ Blüten weiß, in dichten Rispen; Nasswiesen, Gräben, Ufer; in EU weit verbreitet.

Schwarzer Nachtschatten

Solanum nigrum · Fam. Nachtschattengew.

Bis 80 cm hohe Offenlandpflanze mit aufrechtem, verzweigtem Stängel und weißen Blüten. ✿ Jun–Okt

Einjährig; Stängel im Gegensatz zu dem des Bittersüßen Nachtschattens (*S. dulcamara*) auch an der Basis immer krautig; **Blätter** gestielt, mattgrün, wechselständig, breit lanzettlich, glattrandig oder buchtig gezähnt; **Blüten** zu 5–10 in doldigen Trauben in den oberen Blattachseln; Kronen um 1,5 cm breit, Staubblätter goldgelb, als zentraler Kegel; Beeren kugelig, etwa 1 cm dick, in der Reife glänzend schwarz.

Vorkommen Hackfruchtäcker, Brachflächen, Gärten, Schuttstellen. In EU fast überall verbreitet, stellenweise häufig.

Wissenswert! Die unreifen Früchte enthalten größere Mengen giftiger Alkaloide.

Stechapfel

Datura stramonium · Fam. Nachtschatteng.

30–120 cm hoch, mit aufrechtem, kahlem, einfachem oder ästigem Stängel und weißen Blüten. ✿ Jun–Sep

Einjährig; **Blätter** wechselständig, gestielt, meist ungleich groß, 4–15 cm lang und fast ebenso breit, oval bis rundlich, an der Basis unsymmetrisch keilförmig, grob buchtig gezähnt; **Blüten** gestielt, einzeln in den oberen Blattachseln, Krone trichterförmig, 6–10 cm lang, mit 5 lang auslaufenden Zipfeln; Kapsel**frucht** oval, derb bestachelt, 4–5 cm lang.

Vorkommen Brachflächen, Abfall- und Schuttstellen, Gärten, Wegränder, Siedlungen. In EU weit verbreitet; in D zerstreut und unbeständig.

Wissenswert! Stammt ursprünglich aus Mittelamerika (Mexiko) und ist heute auch im Mittelmeerraum ziemlich häufig. Die in allen Pflanzenteilen, besonders in den Samen angereicherten Giftstoffe wirken schon in kleinen Mengen tödlich.

Gewöhnlicher Feldsalat

Echter Baldrian, Arznei-Baldrian
Blüten oft auch reinweiß

Schwarzer Nachtschatten

Stechapfel

Acker-Stiefmütterchen

Viola arvensis · Familie Veilchengewächse

5–20 cm hohe, leicht erkennbare, aber nicht immer sicher bestimmbare Ackerpflanze, Stängel aufrecht, Blüten meist hellgelb. ✰ Mai–Okt

Ein-, seltener auch zweijährig, formenreich, Stängel verzweigt, kahl oder wenig behaart; **Blätter** gestielt, oval bis spatelig, Nebenblätter groß, mit schmaler Endfieder; **Blüten** höchstens 1–1,5 cm groß, mit dunkler gelbem Farbmal in der Kronenmitte (Lenkung der Blütenbesucher!), kann mit dem meist dunkler blühenden Wilden Stiefmütterchen bastardieren.

Vorkommen Hackfruchtäcker, Wegränder, Schuttplätze, verkrautete Gärten, Brachflächen; auf meist nährstoffreichem Boden. In ganz EU häufig, in D weit verbreitet. Gelegentlich als Heilpflanze verwendet.

Gewöhnlicher Augentrost

Euphrasia rostkoviana · Fam. Sommerwurzg.

5–25 cm hoch, Stängel aufrecht, verzweigt, Blüten weiß, mit dottergelbem Schlund. ✰ Apr–Sep

Meist einjährig; Stängel im oberen Teil drüsig behaart; **Blätter** gegenständig, Spreite etwa 1 cm lang, länglich oval, grob gezähnt; **Blüten** in beblätterten Trauben an den Zweigenden, Kronen bis 1,2 cm lang, vielzipfelig, Schlund mit violetten Streifen. Halbparasit.

Vorkommen Bergwiesen, Halbtrockenrasen, Wegränder. In EU weit verbreitet; fehlt in D im Tiefland, in südlichen Landesteilen z. T. häufig, in den Alpen bis 2500 m Höhe.

Wissenswert! Der gelbe Fleck und die Streifen auf den Kronzipfeln sind ein wichtiges Signal für die bestäubenden Insekten, die so rascher den Eingang zur Kronröhre finden. Alte Heilpflanze gegen Augenleiden.

Weiße Taubnessel

Lamium album · Familie Lippenblütengew.

Bis 50 cm hoch, Stängel aufrecht, kräftig, einfach, 4-kantig, Blüten cremeweiß bis reinweiß. ✰ Apr–Aug

Mehrjährig; **Blätter** gegenständig, gestielt, grob gezähnt wie bei der Brennnessel, kurz behaart, duften beim Abstreifen etwas unangenehm muffig; **Blüten** zu mehreren in Scheinquirlen in den oberen Blattachseln, Kronen 2–2,5 cm lang, Kronröhre aufgebogen, innen mit Haarring, Oberlippe stark gewölbt.

Vorkommen Gebüsche, Hecken, Wegränder, Wiesen, Staudenfluren, Gärten, Abfallstellen, Brachflächen; auf nährstoffreichen Lehmböden. In EU überall verbreitet.

Wissenswert! Um an den Nektar zu gelangen, beißen Hummeln mit zu kurzem Rüssel die Kronröhre von hinten an und umgehen so die normale Route.

Ufer-Wolfstrapp

Lycopus europaeus · Fam. Lippenblütengew.

30–10 cm hohe Sumpf- und Uferpflanze mit wenig verzweigtem Stängel und kleinen, weißen Blüten. ✰ Jul–Aug

Mehrjährig; Stängel aufrecht, kantig, wenig behaart; **Blätter** gegenständig, 6–10 cm lang, breit lanzettlich, grob gezähnt, an der Basis mitunter fiederspaltig, hellgrün, untergetauchte Blätter tief fiederspaltig; **Blüten** in dichten, halbkugeligen Scheinquirlen in den Achseln der oberen Stängelblätter, Kronen um 5 mm lang, undeutlich 2-lippig, angedeutet 4-zipfelig.

Vorkommen Sumpf- und Nasswiesen, Ufer langsam fließender oder stehender Gewässer, bevorzugt auf nassen, nährstoffreichen Schlamm- oder Torfböden, erträgt Überschwemmung. In EU weit verbreitet und regional häufig; in D nahezu überall.

Acker-Stiefmütterchen

Gewöhnlicher Augentrost

Weiße Taubnessel

Ufer-Wolfstrapp

Gänseblümchen

Bellis perennis · Familie Korbblütengewächse

Anspruchslose Pflanze mit typisch weiß-gelbem Blütenkörbchen. ✿ Mär–Sep

Mehrjährig, alle **Blätter** grundständig, länglich, 5–10 cm hoch; **Blüten**körbchen, außen weiße, an den Spitzen rötliche Zungenblüten, innen gelbe Röhrenblüten.
Vorkommen Fettwiesen, Weiden, Rasen, Säume, im Gebirge bis in über 2000 m Höhe. Überall in EU häufig.

Echte Kamille

Matricaria recutita · Familie Korbblütengew.

Verzweigtes Ackerwildkraut mit mehrfach gefiederten Blättern. ✿ Mai–Sep

Einjährig, 15–45 cm hoch; **Blätter** feingliedrig; **Blüten**körbchen mit weißen Zungen- und goldgelben Röhrenblüten, Körbchenboden kegelig, hohl.
Vorkommen Getreideäcker, Wegränder, Schuttstellen, bevorzugt auf kalkfreiem Lehmboden. Fast überall in EU häufig. Wichtige Heilpflanze.

Strandkamille

Tripleurospermum maritimum · Fam. K.bl.gew.

Großblumige, charakteristische Küstenpflanze, Stängel kräftig. ✿ Jun–Okt

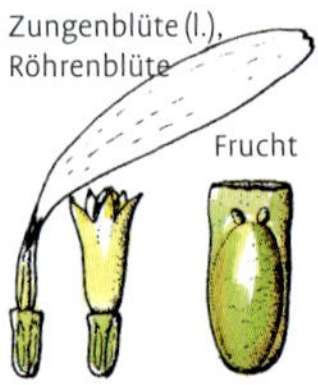

Ein- oder zweijährig, 10–40 cm hoch; **Blätter** fein gefiedert; **Blüten**körbchen 2–5 cm breit, außen weiß, innen goldgelb, zerrieben geruchlos.
Vorkommen Salzwiesen, Spülsäume, Dünen, Schutt, auf salzhaltigem Boden. W-EU, NW-EU, meist häufig.

Acker-Hundskamille

Anthemis arvensis · Fam. Korbblütengew.

Der Echten Kamille sehr ähnlich, aber Körbchen nicht kegelig. ✿ Jun–Sep

Einjährig, 10–50 cm hoch; **Blätter** wechselständig, beim Zerreiben ohne besonderen Duft; **Blüten**körbchen flach, nicht hohl, 2–3,5 cm breit, weiße Zungenblüten, gelbe Röhrenblüten.
Vorkommen Äcker, Brachflächen, Wegränder; besonders auf kalkfreien, sauren Böden. In D wie fast überall in EU häufig.

Wiesen-Wucherblume, Margerite *Leucanthemum vulgare*

Unverwechselbare Wiesenpflanze mit aufrechtem, meist unverzweigtem, leicht kantigem Stängel. ✿ Mai–Sep

Mehrjährig, 20–90 cm hoch; **Blätter** wechselständig, spatelförmig, zur Basis hin grob gezähnt; **Blüten**körbchen 4–6 cm breit, einzeln, flach, Zungenblüten weiß, Röhrenblüten goldgelb.
Vorkommen Wiesen, Halbtrockenrasen, Wegränder, Brachen, Gebüsche, Gärten. In EU weit verbreitet; in D überall häufig.

Kanadisches Berufskraut

Conyza canadense · Familie Korbblütengew.

Pflanze 1–100 cm hoch (!), unscheinbare Blüten in einer Rispe. ✿ Jun–Sep

Einjährig; alle **Blätter** wechselständig, schmal lanzettlich, um 1 cm breit; **Blüten**körbchen 2 mm breit, viele in einer Rispe, Zungenblüten weiß, Röhrenblüten gelb.
Vorkommen Brachflächen, Wegränder, Schuttstellen. Aus N-Amerika, im 17. Jh. eingeschleppt, heute fast überall in EU häufig.

Gänseblümchen

Echte Kamille

Strandkamille

Acker-Hundskamille

Wiesen-Wucherblume, Margerite

Kanadisches Berufskraut

Gewöhnliche Schafgarbe

Achillea millefolia · Familie Korbblütengew.

Reichblütige Wiesenpflanze mit kräftigem, zähem Stängel. ✰ Jun–Okt

Mehrjährig, 15–60 cm hoch; **Blätter** wechselständig, doppelt fiederteilig mit feinen, zipfeligen Abschnitten; **Blüten**körbchen 6–8 mm breit, in Doldenrispen, Zungenblüten weiß oder rötlich, Röhrenblüten cremefarben.
Vorkommen Wiesen, Wegränder, Brachen, Steinfluren. In EU weit verbreitet; in D überall häufig.

Sumpf-Schafgarbe

Achillea ptarmica · Familie Korbblütengew.

Sumpf- und Uferpflanze mit kantigem, behaartem Stängel und großen Körbchen. ✰ Jul–Sep

Mehrjährig, 30–90 cm hoch; **Blätter** lanzettlich, sitzend; **Blüten**körbchen flach, um 1,5 cm breit, in Doldenrispen, je 5–12 weiße Zungenblüten, Röhrenblüten weißlich.
Vorkommen Ufer, Gräben, Nasswiesen, Auen. Hauptsächlich in M.-EU; in D weit verbreitet bis zerstreut.

Kleinblütiges Franzosenkraut *Galinsoga parviflora*

Pflanze mit 3-zipfeligen Zungenblüten, nicht oder kaum behaart. ✰ Jun–Okt

Einjährig, 20–60 cm hoch; **Blätter** gegenständig, oval, vorn spitz, gezähnt; **Blüten**körbchen nur 3–5 mm breit, in lockeren Trauben, je 5 3-zipfelige Zungenblüten, wenige, gelbe Röhrenblüten.
Vorkommen Äcker, Gärten, Brachen, Wegränder. Stammt aus M.- und S-Amerika; in EU überall eingebürgert und verbreitet.

Behaartes Franzosenkraut

Galinsoga ciliata · Fam. Korbblütengewächse

Dem Kleinbl. F. sehr ähnlich, Stängel aber oben zottig behaart. ✰ Apr–Okt

Einjährig, 10–70 cm hoch; **Blätter** gegenständig, länglich oval, vorn spitz, gezähnt; **Blüten**körbchen um 5 mm breit, mit gelben Röhrenblüten und 4–5 weißen, 3-zipfeligen Zungenblüten, Blüten(stands)stiele mit roten Drüsen.
Vorkommen Äcker, Gärten, Brachflächen, Plätze. Stammt aus M.- und S-Amerika; in D wie fast überall in EU eingebürgert.

Ästige Graslilie

Anthericum ramosum · Fam. Affodilgewächse

Dekorative Pflanze, Stängel im Blütenstand rispig verzweigt. ✰ Jun–Aug

Mehrjährig, 30–90 cm hoch; **Blätter** grasartig, 2–6 mm breit; **Blüten** 1,5–2,5 cm breit, die 3 inneren Blütenblätter breiter als die 3 äußeren.
Vorkommen Trockenrasen, lichte Wälder, vor allem auf kalkhaltigen Böden. M.- und S-EU; in D zerstreut.

Astlose Graslilie

Anthericum liliago · Familie Affodilgewächse

Der Ästigen Graslilie sehr ähnlich, Stängel aber immer blattlos und unverzweigt. ✰ Mai–Jul

Mehrjährig, 30–60 cm hoch; **Blätter** rosettig, grasartig, 2–5 mm breit, spitz; **Blüten** weiß, 2–4 cm breit, Blütenblätter gleich breit, in lockerer Traube.
Vorkommen Trockenrasen, lichte Wälder, Felsfluren; meidet kalkhaltige Böden. S- und M.-EU; in D selten.

Gewöhnliche Schafgarbe

Sumpf-Schafgarbe

Kleinblütiges Franzosenkraut

Behaartes Franzosenkraut

Ästige Graslilie

Astlose Graslilie

Bär-Lauch

Allium ursinum · Familie Narzissengewächse

Kennzeichnende frühblühende Auenwaldpflanze mit 2 grundständigen, hell- bis frischgrünen Blättern. ✿ Apr–Mai

Mehrjährige Zwiebelpflanze, 20–40 cm hoch; **Blätter** elliptisch lanzettlich, alle Teile duften nach Knoblauch; **Blüten** 1–2 cm breit, weiß, in endständiger Scheindolde.
Vorkommen Lichte Laubwälder, Gebüsche, Auen, Bachufer. In D wie fast überall in EU verbreitet.

Dolden-Milchstern

Ornithogalum umbellatum · F. Spargelgew.

Wiesenpflanze mit vielblütigem, traubigem Blütenstand. ✿ Mai–Jun

Mehrjährige, formenreiche Zwiebelpflanze, 10–30 cm hoch; **Blätter** schmal linealisch, nur 2–3 mm breit, mit hellem Mittelstreifen; **Blüten** 2–3,5 cm breit, weiß, außen grünlich, zu 3–12 in Doldentraube.
Vorkommen Wiesen, Weinberge, Gebüsche. S- und M.-EU; in D in den Mittelgebirgen und im NW.

Maiglöckchen

Convallaria majalis · Fam. Spargelgewächse

Attraktive Waldpflanze, kein Stängel, nur Blütenstandsschaft. ✿ Mai–Jun

Mehrjährig, 5–20 cm hoch, meist nur mit 2 **Blättern**, breit lanzettlich, glattrandig; **Blüten** glockig, um 5 mm breit, weiß, zu 3–9 in lockerer, einseitswendiger Traube, duften stark. Alle Pflanzenteile stark giftig (herzwirksame Glykoside)!
Vorkommen Laubwälder, Gebüsche. In EU verbreitet, auf alpinen Matten bis 1800 m.

Quirlblättrige Weißwurz

Polygonatum verticillatum · F. Spargelgew.

Kantiger Stängel, quirlblättrig, Blüten hängend in Blattachseln. ✿ Mai–Jun

Mehrjährig, 30–80 cm hoch; **Blüten** 1 cm lang, zu 2–6 an kurzen Stielen. Giftig.
Vorkommen Schattige Laub-, Misch- und Nadelwälder; auf kalkhaltigem Boden. In EU verbreitet; in D ab 500 m Höhe.

Ähnlich **Wohlriechende Weißwurz** *Polygonatum odoratum*, nur 30–40 cm hoch, Stängel kantig, jeweils 1–2 Blüten in den Blattachseln.

Wohlriechende Weißwurz

Polygonatum odoratum · Fam. Spargelgew.

Waldpflanze mit leicht gebogenem, kantigem Stängel. ✿ Mai–Jun

Mehrjährig, 20–50 cm hoch; Stängel oft leicht gebogen; **Blätter** ungestielt, unterseits leicht bläulich, aufgerichtet, breit oval; **Blüten** einzeln in den Blattachseln, Blütenhüllblätter glockig verwachsen, um 1,5 cm lang, mit grünen Zipfeln. Beerenfrucht kugelig, reif dunkelblau. Giftig.
Vorkommen Trockenwälder, Trockengebüsche oder Felsfluren, seltener in Trockenrasen. In EU weit verbreitet; fehlt in D im Tiefland, in den Alpen bis zur Waldgrenze.

Vielblütige Weißwurz

Polygonatum multiflorum · Fam. Spargelgew.

Der Wohlriechenden W. sehr ähnlich, jedoch mit rundem Stängel. ✿ Mai–Jun

Mehrjährig, 30–80 cm hoch; **Blätter** oval, spitz, 2-reihig; **Blüten** engglockig, bis 1,5 cm lang, weiß, zu 2–5 den Blattachseln entspringend. Wie auch die anderen Weißwurz-Arten in allen Teilen giftig, vor allem die Beeren enthalten starke Giftstoffe!
Vorkommen Laub- und Mischwälder, Gebüsche. In D wie im übrigen EU weit verbreitet.

Bär-Lauch

Dolden-Milchstern

Maiglöckchen

Quirlblättrige Weißwurz

Wohlriechende Weißwurz

Vielblütige Weißwurz

Schattenblume

Maianthemum bifolium · F. Spargelgewächse

5–20 cm hohe Waldpflanze mit geknickt aufrechtem, kahlem, unverzweigtem Stängel und weißen Blüten in lockerer Rispe. ✿ Apr–Mai

Blätter horizontal ausgebreitet, breit herzförmig, meist aber nur zur Blütezeit zu 2 am Stängel, dann wechselständig; vegetativ meist nur mit 1 Blatt – insofern ist der Artnamenszusatz *bifolium* = zweiblättrig eher irreführend; **Blüten** zahlreich, Blütenrispe aufrecht, walzlich. Typische Schattenpflanze. **Beere** rosa marmoriert.

Vorkommen Schattige Laub- und Mischwälder, im Küstengebiet auch in Dünen. In EU fast überall, im Gebirge bis in 1800 m.

Wissenswert! In allen Teilen, vor allem in den Beerenfrüchten giftig! Die Giftstoffe sind von völlig anderer chemischer Natur als beim nahe verwandten Maiglöckchen.

Weißes Waldvöglein

Cephalanthera damasonium · F. Knabenkr.g.

20–50 cm hoch, mit aufrechtem, leicht kantigem, oben etwas geschlängeltem Stängel und cremeweißen Blüten in lockerer Traube. ✿ Mai–Jun

Mehrjährig; **Blätter** länglich oval, spitz, glattrandig, bis 3,5 cm breit; **Blüten** mit Tragblättern, bis 3 cm breit, ohne Sporn, zu 3–8 in der Traube vereint.

Vorkommen Lichte Laubwälder, vor allem Buchenwälder, aber auch Gebüsche auf warmen Halbtrockenrasen; vorzugsweise auf Kalkböden. M.- und S-EU; in D im mittleren und südlichen Teil zerstreut, sonst ziemlich selten. §

Wissenswert! Die Blüten bleiben in der Regel geschlossen und sind somit auf Selbstbestäubung angewiesen. Mitunter finden sich nahezu blattgrünfreie Exemplare dieser Pflanzenart.

Zweiblättrige Waldhyazinthe

Platanthera bifolia · Fam. Knabenkrautgew.

20–60 cm hoch, Stängel aufrecht, leicht kantig, Blüten zahlreich, cremeweiß in verlängerter, lockerer Ähre. ✿ Mai–Jul

Mehrjährig, Stängel am Grund mit 2 breit ovalen, glänzenden **Blättern**, weiter oben nur sehr kleine, schmal lanzettliche Stängelblätter; **Blüten** 1,5–3 cm breit, duften angenehm, Sporn etwa doppelt so lang wie der gedrehte Fruchtknoten, Lippe ungeteilt, Staubblätter stehen parallel und eng nebeneinander.

Vorkommen Lichte Wälder, Magerrasen, Heiden. In EU weit verbreitet, in D größtenteils zerstreut. §

Ähnlich **Berg-Waldhyazinthe** *Platanthera chlorantha*, Blüten grünlich weiß, kaum duftend, Staubblätter spreizend, Sporn sackartig verdickt. §

Grünliche Waldhyazinthe

Platanthera chlorantha · F. Knabenkrautgew.

Der Zweiblättrigen Waldhyazinthe ähnlich, aber etwas kräftiger, mit unbeblättertem Stängel. ✿ Mai–Jul

Mehrjährig, 30–60 cm hoch; **Blätter** ungestielt, gegenständig, zu 2 am Stängelgrund, selten auch 3 oder 4, glänzend, breit oval; **Blüten** bis 2,7 cm breit; äußere Blütenhüllblätter und Basis der bis 2 cm langen Lippe strahlend weiß, Vorderteil der Lippe grünlich, rückwärtiger Sporn bis zu 4 cm lang, am Ende sackartig verdickt; Antherenfächer nicht parallel, sondern nähern sich nach oben dachförmig (Unterschied zur Zweiblättrigen Waldhyazinthe).

Vorkommen Lichte Gebüsche und Waldsäume, auch Kiefernforste; bevorzugt auf Kalk. In EU weit verbreitet, in D selten. In den Alpen bis etwa 1600 m Höhe.

Wissenswert! Der Eingang zum langen, schlanken Sporn ist sehr eng, sodass seine Nektarvorräte nur von langrüsseligen Nachtfaltern zu erreichen sind.

Schattenblume

Weißes Waldvöglein

Zweiblättrige Waldhyazinthe

Grünliche Waldhyazinthe

Schneeglöckchen

Galanthus nivalis · Fam. Narzissengewächse

Kleiner, wohlbekannter Frühblüher mit bläulich bereiften Blättern. ✿ Mär–Apr

Pflanze 5–20 cm hoch; **Blätter** bis 10 cm lang; **Blüte** hängend, die 3 inneren Blütenbl. mit grünem Farbmal. **Vorkommen** Laubmischwälder, Auen. M.- und S-EU; in D in Gärten häufig, selten natürlich vorkommend. §

Frühlings-Knotenblume

Leucojum vernum · Fam. Narzissengewächse

Waldbodenfrühblüher mit einzelnen, glockigen Blüten. ✿ Feb–Mär

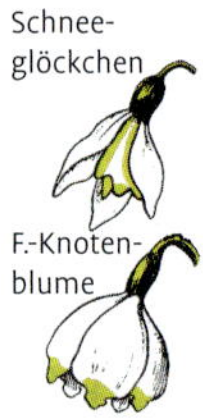

Mehrjährig, 10–30 cm hoch; **Blätter** etwa 1 cm breit, unbereift; **Blüten** hängend auf blattlosem Stängel, 1–1,5 cm lang, mit gelbgrünem Farbmal, Giftig! Auch Märzenbecher genannt. **Vorkommen** Laubmisch- und Auenwälder, Wiesen. Oft in Gartenkultur. M.-EU, in D zerstreut. §

Gewöhnlicher Froschlöffel

Alisma plantago-aquatica · F. Froschlöffelg.

Sumpf- und Uferpflanze mit im Blütenstand verzweigtem Stängel. ✿ Jun–Okt

Mehrjährig, 30–100 cm hoch; **Blätter** löffelförmig, lang gestielt, meist hoch über das Wasser ragend, Unterwasserblätter lang, schmal, flutend; **Blüten** 3-zählig, zahlreich in Rispe, 0,7–1,3 cm breit, mitunter rötlich, in der Mitte mit gelbem Fleck. **Vorkommen** Nährstoffreiche Röhrichte, Gräben. In EU und D fast überall häufig.

Gewöhnliches Pfeilkraut

Sagittaria sagittifolia · Familie Froschlöffelg.

Sumpf- und Uferpflanze mit pfeilförmigen Blättern. ✿ Jun–Aug

Mehrjährig, 20–100 cm hoch; **Blätter** grundständig, unter Wasser bandförmig, über Wasser pfeilförmig, daneben auch Schwimmblätter; **Blüten** in der Mitte rötlich, einhäusig, selten zweihäusig, in lockerer Rispe, ♂ oben, ♀ unten, 1,5–2,5 cm breit. **Vorkommen** Ufer stehender Gewässer, Teiche. Überall in EU verbreitet.

Krebsschere

Stratiotes aloides · Fam. Froschbissgewächse

Halb untergetauchte Wasserpflanze; bildet mitunter Rasen. ✿ Mai–Jul

Mehrjährig; **Blätter** in Rosette, schwertförmig, unten 3-kantig, oben flach, stachelig, 10–50 cm lang; **Blüten** zweihäusig, über Wasser, ♂ gestielt, ♀ sitzend, 2–4 cm breit. Sinkt im Herbst auf den Gewässergrund. **Vorkommen** Stehende oder langsam fließende Gewässer. EU; in D vor allem im nördlichen Tiefland; auch in Gärten. §

Froschbiss

Hydrocharis morsus-ranae · F. Froschbissgew.

Wie eine kleine Seerose, mit Ausläufern in den Blattachseln. ✿ Mai–Aug

Mehrjährig, kleine Wurzeln; **Blätter** in Rosetten, gestielt, rundlich, am Grund herzförmig; **Blüten** zweihäusig verteilt, ♂ zu 1–5, ♀ einzeln, 2–4 cm breit, an der Basis mit gelbem Farbmal. **Vorkommen** Auf stehenden und langsam fließenden Gewässern. M.-EU; in D vor allem im nördlichen Tiefland, sonst selten. §

Schneeglöckchen

Frühlings-Knotenblume

Gewöhnlicher Froschlöffel

Gewöhnliches Pfeilkraut

Krebsschere

Froschbiss

Gelbe Teichrose

Nuphar lutea · Familie Seerosengewächse

Stattliche Schwimmblattpflanze, Blattspreite bis zu 40 cm lang, an bis zu 2,5 m langen, biegsamen Stielen. ✿ Jun–Aug

grün

Ausdauernd; Blattstiel im oberen Teil 3-kantig, Blattnerven gabelig verzweigt, laufen strahlenförmig zum Blattrand, dort im Gegensatz zur Weißen Seerose unverbunden; **Blüten** 4–6 cm breit, erheben sich beim Aufblühen bis 20 cm über die Wasserfläche; 5 gelbe Blütenblätter, zahlreiche Nektarblätter, Narbenscheibe mit 15–20 Strahlen.

Vorkommen Stehende und langsam fließende, nährstoffreiche Gewässer. Überall in EU außer im SW und hohen N, z. T. häufig; in D von der Ebene bis ins Gebirge. §

Wissenswert! Schwebfliegen und Käfer bestäuben die duftenden Blüten. Die reifen Früchte sind schwimmfähig.

Zwerg-Teichrose

Nuphar pumila · Familie Seerosengewächse

Kleinere Schwimmblattpflanze, stets auch mit Unterwasserblättern, Blattspreite nur 5–12 cm lang. ✿ Jun–Sep

Ausdauernd; **Blätter** bis zu 1,5 m lang gestielt, Blattstiel im oberen Teil 2-kantig; **Blüten** nur 1–3 cm breit, leicht duftend, Narbenscheibe sternförmig, flach, mit 8–10 Strahlen.

Vorkommen Stehende, kalte, nährstoffarme Moor- und Gebirgsseen, vorzugsweise bei Wassertiefen zwischen 0,5 und 1,5 m; in den Alpen bis in 1000 m Höhe. Vor allem nördliches EU; in D sehr selten und nur in den Gebirgen sowie im Alpenraum. §

Wissenswert! Die Z. ist eine nordisch-arktisch verbreitete Art und gilt an ihren wenigen Fundorten in M.-EU als Eiszeitrelikt. Bastardiert gelegentlich mit der Gelben T., wo sie mit ihr zusammen vorkommt.

Winterling

Eranthis hyemalis · Familie Hahnenfußgew.

5–15 cm hoher Frühblüher mit großen, sternförmigen, leuchtend gelben Blüten. ✿ Feb–Mär

Mehrjährig; **Blätter** alle grundständig, erscheinen meist erst nach der Blüte, geteilt, rundlich; die 3 handförmig geteilten Stängelblätter, die dicht unterhalb der Blüte einen Quirl bilden, übernehmen die Funktion der fehlenden Kelchblätter; **Blüten** meist scheibenförmig, 2–4 cm breit, mit gestielten, röhrigen, 2-lippig gestalteten Nektarblättern zwischen den kräftig gelben Blütenhüllblättern und den zahlreichen Staubblättern.

Vorkommen Gebüsche, Obstwiesen, Wälder. Stammt aus S-EU, insbesondere SO-EU; in D meist nur in Parks und Gärten, seltener auch verwildert anzutreffen.

Wissenswert! Die Blüten öffnen sich nur bei voller Besonnung, dafür aber bereits zwischen Schneeresten. Bestäuber sind Bienen oder Fliegen. Alle Teile sind giftig.

Frühlings-Adonisröschen

Adonis vernalis · Fam. Hahnenfußgewächse

Bis 40 cm hohe, zur Blütezeit sehr auffällige Pflanze mit goldgelben Blüten. ✿ Apr–Mai

Mehrjährig; Stängel an der Basis mit bräunlichen Schuppen; **Blätter** mehrfach gefiedert mit feinen, zipfeligen Endabschnitten; **Blüten** 4–7 cm breit, anders als die übrigen Arten dieser Familie mit Kelch und Krone aus 10–20 Kronblättern, diese spiralig angeordnet, seidig glänzend, ohne Nektarangebot, öffnen sich nur bei voller Besonnung.

Vorkommen Trocken-, Halbtrocken- und Steppenrasen, Kiefernwälder auf basischen, kalkhaltigen Böden. Südöstliches EU und W-Asien; in D sehr selten und an der NW-Grenze seiner Verbreitung, im O etwas häufiger; z. T. angepflanzt. §

Wissenswert! Alle Teile sind mäßig giftig! Die kleinen Nüsschenfrüchte werden von Ameisen verbreitet, welche die proteinreichen Anhängsel (Elaiosomen) verzehren.

Gelbe Teichrose
Blüten meist mehr als 4 cm breit

Zwerg-Teichrose
Blüten meist weniger als 3 cm breit

Winterling

Frühlings-Adonisröschen

Sumpf-Dotterblume

Caltha palustris · Fam. Hahnenfußgewächse

Leuchtend gelbe, große Blüten, an feuchten Stellen. ✿ Apr–Mai

Mehrjährig, bis zu 40 cm hoch, Stängel hohl, kahl, glatt; **Blätter** herz- bis nierenförmig, glänzend; **Blüten** 2–3 cm breit, mit 5 gelben Kronblättern.

Vorkommen Sumpfwiesen, Quellfluren, Bachauen, Auenwälder, im Gebirge bis in 2400 m Höhe. Außer dem S überall in EU.

Wissenswert! Die für uns einheitlich gelb erscheinende Blüte besitzt ein im UV-Bereich stark absorbierendes Zentrum, das Insekten als dunkel wahrnehmen.

Europäische Trollblume

Trollius europaeus · Fam. Hahnenfußgew.

Attraktive, hellgelbe Blüten erscheinen kugelig. ✿ Mai–Jun

Mehrjährig, bis zu 50 cm hoch; **Blätter** handförmig, mehrfach geteilt, die oberen am Stängel zunehmend einfacher; **Blüten** 3–5 cm breit, mit 5–15 Kronblättern, die sich meist kugelig zusammenneigen.

Vorkommen Nasswiesen, Niedermoore, Staudenfluren im Bergland, Quellbereiche. M.- und NO-EU; in D immer seltener. §

Wissenswert! Zwischen Kron- und Staubblättern befinden sich unauffällig schmale, linealische Nektarblätter.

Gelbe Wiesenraute

Thalictrum flavum · Fam. Hahnenfußgew.

Formenreiche Hochstaude mit etwas kantig gerilltem Stängel. ✿ Mai–Aug

Mehrjährig, bis 120 cm hoch; **Blätter** mehrfach gefiedert; **Blüten** klein, zahlreich in Rispen mit kopfigen Büscheln, Staubblätter hellgelb oder grünlich, nicht keulig verdickt, wohlriechend.

Vorkommen Moorwiesen, Gräben, Auengebüsche, auf Nassböden. In EU weit verbreitet.

Kleine Wiesenraute

Thalictrum minus · Fam. Hahnenfußgew.

Große, aber feingliedrige Staude, meist kantig gerillter Stängel. ✿ Mai–Jun

Mehrjährig, bis zu 130 cm hoch; **Blätter** 3- bis 5-fach gefiedert, bläulich grün bereift; **Blüten** hellgelb bis grünlich, in lockeren Rispen mit abstehenden Ästen, windbestäubt.

Vorkommen Sonnige Gebüsche, Säume, meist auf Kalk. Südliches M.-EU sowie S-EU; in D selten. §

Gelbes Windröschen

Anemone ranunculoides · Fam. Hahnenfußg.

Wie ein gelbes Busch-W. ✿ Mär–Mai

Mehrjährig, 10–20 cm hoch; **Blätter** grundständig, im Unterschied zum Busch-W. zur Blütezeit nur mit 3 quirlständigen Stängelblättern, diese tief 3-teilig, grob gezähnt; **Blüten** zu 1–2 oberhalb des Blattquirls, leuchtend gelb.

Vorkommen Auenwälder, feuchte Gebüsche und Laubwälder. In M.-EU verbreitet, im S nur im Gebirge; in D selten.

Scharbockskraut

Ranunculus ficaria · Fam. Hahnenfußgew.

Frühblüher mit herzförmigen, glänzenden Blättern. ✿ Mär–Mai

Mehrjährig, 5–15 cm hoch, Stängel liegend; **Blätter** dunkel; **Blüten** 3–5 cm breit, mit 3 Hüllblättern und 8–12 Nektarblättern; oft steril, Brutknospen in den Blattachseln.

Vorkommen Auenwälder, Feuchtwiesen, Ufer, Gräben, Obstgärten. Überall in EU häufig; in D bis 1400 m Höhe.

Sumpf-Dotterblume

Europäische Trollblume

Gelbe Wiesenraute

Kleine Wiesenraute

Gelbes Windröschen

Scharbockskraut

Scharfer Hahnenfuß

Ranunculus acris · Fam. Hahnenfußgew.

Auf nährstoffreichen Wiesen extrem häufig, Blüten glänzend. ✿ Mai–Jul

Mehrjährig, 30–120 cm hoch; **Blätter** in grundständiger Rosette lang gestielt, 3- bis 7-teilig gespalten, Stängelblätter sitzend, nach oben zunehmend einfacher; **Blüten** einzeln auf runden Stielen, fettglänzend. Ohne Ausläufer.
Vorkommen Nährstoffreiche Wiesen, Gebüsche und Wegränder. In EU weit verbreitet; in D fast überall sehr häufig.

Kriechender Hahnenfuß

Ranunculus repens · Fam. Hahnenfußgew.

Häufige Pflanze mit langen, gefurchten Ausläufern, raschwüchsig. ✿ Mai–Jul

Mehrjährig, 15–40 cm hoch; **Blätter** in Rosette 3-zählig mit lang gestieltem Endabschnitt, am Stängel zunehmend einfacher; **Blüten** goldgelb glänzend, einzeln auf langen, gefurchten Stielen, auch bei Regen offen.
Vorkommen Äcker, Brachen, Gartenland, Wegränder; Anzeiger für Lehmböden und Bodenverdichtung. In den gemäßigten Breiten heute weltweit verbreitet.

Brennender Hahnenfuß

Ranunculus flammula · Fam. Hahnenfußgew.

Liegender Hahnenfuß in Feuchtgebieten, Blätter ungeteilt. ✿ Mai–Sep

Mehrjährig, 20–30 cm hoch; Stängel rund, wurzelt an den Knoten; **Blätter** schmal, nur grundständige gestielt; **Blüten** bis 1,5 cm breit, einzeln oder in lockerer Rispe. Giftig.
Vorkommen Ufer, Niedermoore, Sumpfwiesen; auf nährstoffreichen, kalkarmen Böden. In D und EU weit verbreitet, nicht häufig.

Gold-Hahnenfuß

Ranunculus auricomus · F. Hahnenfußgew.

Formenreich, mit vielen Kleinarten und oft unvollständigen Blüten. ✿ Mär–Mai

Stängelblätter

Grundblatt

Mehrjährig, Stängel 30–50 cm hoch, meist kahl, **Blätter** der grundständigen Rosette lang gestielt, wenig geteilt, Stängelblätter schmal und einfach; **Blüten** zu wenigen in lockeren Rispen.
Vorkommen Auenwälder, lichte Laubwälder, Bergwiesen, Parks, Gärten. In D wie EU weit verbreitet.

Knolliger Hahnenfuß

Ranunculus bulbosus · Fam. Hahnenfußgew.

Im Offenland mit knolligem und meist dicht behaartem Stängel. ✿ Mai–Jul

Mehrjährig, 10–45 cm; Grund**blätter** lang gestielt, Spreite bis zum Stielansatz handförmig 3-teilig, Abschnitte tief eingeschnitten bis gezähnt, Stängelblätter einfacher, sitzend; **Blüten** 2–3 cm breit, Kelchblätter grünlich gelb, außen behaart.
Vorkommen Magerrasen, Magerweiden, Böschungen, auf kalkhaltigen, mäßig trockenen Böden. Lehmzeiger. In EU weit verbreitet, in D mit Ausnahme des Tieflandes nicht selten. In den Alpen bis 2000 m.

Schöllkraut

Chelidonium majus · Familie Mohngewächse

Mittelgroße, hellgrüne Pflanze mit dunkelgelbem Milchsaft. ✿ Apr–Sep

Mehrjährig, 30–70 cm hoch, Stängel behaart, etwas brüchig; **Blätter** ungleich gelappt bis gefiedert, unterseits bläulich; **Blüten** zu 2–6 in lockeren Dolden, bis 2 cm breit, 4-zählig, Kelch behaart, Narbe 2-lappig; **Frucht** als bis 5 cm lange Kapsel, Samen schwarz, mit weichem Anhängsel zur Verbreitung durch Ameisen; Milchsaft giftig.
Vorkommen Nährstoffreiche Böden, Gebüsche, Hecken, Wegränder, Gärten, Mauern. Überall in EU häufig.

Scharfer Hahnenfuß

Kriechender Hahnenfuß

Brennender Hahnenfuß

Gold-Hahnenfuß

Knolliger Hahnenfuß

Schöllkraut

Gelber Hornmohn

Glaucium flavum · Familie Mohngewächse

Meist kahle Pflanze mit gelbem Milchsaft und ästigem Stängel. ✿ Jun–Jul

Zweijährig, bis 80 cm hoch; **Blätter** dicklich, untere bis 30 cm lang, fiederteilig, am Stängel kleiner, bläulich; **Blüten** bis 6 cm breit; Kapsel bis 25 cm lang.
Vorkommen Dünen, Kiesstrände, obere Spülsäume, auch Schuttplätze und Wegränder der Küstengebiete in W- und S-EU, in D selten.

Gelber Lerchensporn

Pseudofumaria lutea · Fam. Mohngewächse

Zur Blütezeit auffällige Pflanze ohne unterirdische Knolle. ✿ Mai–Sep

Mehrjährig, frischgrün, 10–30 cm hoch; **Blätter** 2- bis 3-fach gefiedert, kahl; **Blüten** zu je 8–15 in dichten end- und seitenständigen Trauben, mit kurzem, dicklichem Sporn.
Vorkommen Kalkhaltige, sickerfrische Böden, Mauerspalten, Ruinen, Säume. Aus S-EU stammend, in Gärten als Zierpflanze, in D in milden Gebieten verwildert.

Gewöhnliche Osterluzei

Aristolochia clematitis · Fam. Osterluzeigew.

Tütenförmige, hellgelbe Blüten in den Blattachseln. ✿ Mai–Jun

Mehrjährig, 30–80 cm hoch; **Blätter** gestielt, herzförmig; **Blüten** 3–5 cm lang, an der Basis bauchig.
Vorkommen Auen, Gebüsche, Weinberge, Mauern. Stammt aus dem Mittelmeerraum; in D in Weinbauregionen verwildert.
Wissenswert! Die röhrige Blüte ist innen glatt und hat eine Art Reuse aus Haaren. Sie ist für Fliegen eine Kesselfalle. Nach der Bestäubung welkt die Blüte rasch, sodass die Tiere wieder freikommen.

Gelbe Resede, Gelber Wau

Reseda lutea · Familie Resedengewächse

Nur zur Blütezeit auffallende Pflanze, Stängel kaum verzweigt. ✿ Jun–Sep

Ein- bis mehrjährig, bis 50 cm hoch; Stängel glatt; **Blätter** mit schmal geflügelten Stielen, Spreiten tief fiederteilig, am Rand gewellt; **Blüten** klein, hell- oder blassgelb, zahlreich in Trauben.
Vorkommen Trockenrasen, Mauern, Wege, Brachen. Aus südöstlichem Mittelmeergebiet; heute überall in M.-EU.
Wissenswert! Früher Färbepflanze.

Acker-Senf

Sinapis arvensis · Fam. Kreuzblütengewächse

Weit verbreitet auf Acker- und Brachland, blüht schwefelgelb. ✿ Mai–Sep

Einjährig, 30–70 cm hoch; Stängel rau behaart; **Blätter** im Umriss oval, tief eingeschnitten oder gefiedert, grob gezähnte Endlappen; **Blüten** bis 1,5 cm breit, Kelchblätter gelbgrün stehen waagrecht ab. Samen kugelrund.
Vorkommen Äcker, Wegsäume, Schuttplätze. Lehmzeiger. Überall in EU verbreitet. Kosmopolit.

Weg-Rauke

Sisymbrium officinale · F. Kreuzblütengew.

Wegrandpflanze mit steifem, zähem Stängel und sehr kleinen, blassgelben Kreuzblüten. ✿ Mai–Okt

Einjährig, bis 60 cm hoch; **Blätter** tief fiederteilig; **Blüten** 2–4 mm breit, zahlreich in endständigen Trauben; **Schoten** liegen dem Stängel eng an.
Vorkommen Wegränder, Brachen, Schuttstellen; Stickstoff-Anzeiger. In EU weit verbreitet; in D fast überall häufig, fehlt im Bergland.

Gelber Hornmohn

Gelber Lerchensporn

Gewöhnliche Osterluzei

Gelbe Resede, Gelber Wau

Acker-Senf

Weg-Rauke

Färber-Waid

Isatis tinctoria · Fam. Kreuzblütengewächse

50–130 cm hoch, mit kräftigem, aufrechtem, nur an der Basis behaartem Stängel, Blüten chromgelb. ✿ Mai–Jun

Zweijährig; **Blätter** der Stängelbasis gestielt, oben sitzend; lanzettlich, auffallend bläulich grün; **Blüten** zahlreich in lockeren, breiten, endständigen Rispen, Kronblätter fast doppelt so lang wie die Kelchblätter; **Schötchen** 1-samig, reif schwarzbraun.
Vorkommen Mauern, Weg- und Straßenränder, Steinbrüche, Dämme, Weinberge, Magerrasen. Aus Kultur verwildert und in D vielerorts eingebürgert.
Wissenswert! Aus dem F. gewann man früher den Textilfarbstoff Indigo (Bluejeans!), bis dieser im späten 19. Jh. von synthetischen Farbstoffen abgelöst wurde.

Echtes Barbarakraut

Barbarea vulgaris · Fam. Kreuzblütengew.

Bis 90 cm hoch, mit aufrechtem Stängel und kräftig goldgelben Blüten in dichten Trauben. ✿ Apr–Jun

Zweijährig; untere **Blätter** gestielt, mit 5–9 Paar Fiedern, obere sitzend und tief eingeschnitten; **Blüten** bis zu 12 mm breit.
Vorkommen Hecken, Wegränder, Schuttplätze, Böschungen, kiesige Ufer, Sandbänke. In EU weit verbreitet; in D ziemlich häufig.
Wissenswert! Wurde früher als Wildgemüse verwendet.

Ähnlich Wilde Sumpfkresse Rorippa sylvestris, bis zu 50 cm hoch, Blätter schmal gefiedert, Blüten um 5 mm breit.

Wild-Kohl

Brassica oleracea · Famlie Kreuzblütengew.

Bis 2 m hoch, Stängel kräftig, aufrecht, im oberen Teil ästig, am Grund leicht verholzt; alle Teile bläulich, Blüten schwefelgelb. ✿ Mai–Sep

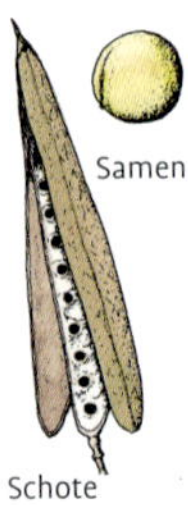

Zwei- oder mehrjährig; **Blätter** kahl, fleischig, blaugrün bis leicht rötlich, 20–40 cm lang, am Rand wellig und unregelmäßig gebuchtet, die unteren gestielt, die oberen sitzend; **Blüten** bis zu 2 cm breit, Kronblätter vorn verbreitert, an der Basis schmal, Kelchblätter aufrecht; **Schoten** reif hellbraun, bis zu 12 cm lang, mit glänzenden, schwarzen Samen.
Vorkommen Klippen, Spülsäume; westliches Mittelmeer, Atlantikküsten bis Frankreich und Großbritannien; in D nur auf Helgoland, fehlt an der Ostsee.
Wissenswert! Stammart aller kultivierten Kohlsorten.

Glattes Brillenschötchen

Biscutella laevigata · Fam. Kreuzblütengew.

Formenreiche Pflanze, Blätter überwiegend in grundständiger Rosette, Blüten hell- bis kräftig gelb, Schötchen brillenartig. ✿ Mai–Jul

Mehrjährig; **Blätter** lang gestielt, borstig behaart bis kahl, länglich keilförmig, die wenigen Stängelblätter schmal, kurz, sitzend; **Blüten** bis 1 cm breit, in lockerer Traube; **Schötchen** bis 7 mm breit, mit schmalem Hautsaum.
Vorkommen Steinige Böden, Felsfluren, lückige Matten; vorwiegend auf Kalk; im Alpenvorland und den Alpen zerstreut, in den Mittelgebirgen (Harz, Eifel, Hunsrück) selten und nur stellenweise, fehlt im Norddeutschen Tiefland.
Wissenswert! Bildet in seinem stark zerklüfteten Verbreitungsgebiet schwer unterscheidbare regionale Unterarten.

Färber-Waid

Echtes Barbarakraut

Wild-Kohl

Glattes Brillenschötchen

Gewöhnlicher Gilbweiderich

Lysimachia vulgaris · Familie Primelgewächse

Bis 1,3 m hoch, Stängel flaumig behaart, Blüten goldgelb, zahlreich in endständigen Rispen. ✿ Jun–Aug

Mehrjährig; **Blätter** gegenständig oder zu 3–4 in Wirteln, unterseits dicht behaart; **Blüten** bis zu 2,5 cm breit, zahlreich, Kronen kahl, Kelchzipfel rötlich umrandet. **Vorkommen** Bruchwälder, Hochstaudenfluren an Gewässern, Lichtungen, Feuchtwiesen. Ganz EU; in D fast überall häufig. **Wissenswert!** Wird auch als Gartenpflanze verwendet.

Ähnlich **Drüsiger Gilbweiderich** *Lysimachia punctata*, Stängel schmal geflügelt, Kronblattzipfel drüsig bewimpert, Kelchzipfel grün; SO-EU, bei uns verwildert.

Straußblütiger Gilbweiderich

Lysimachia thyrsiflora · Familie Primelgew.

40–70 cm hohe, charakteristische Moorpflanze, Stängel aufrecht, meist unverzweigt, mitunter rötlich überlaufen. ✿ Mai–Jul

Mehrjährig; **Blätter** gegenständig, sitzend, schmal lanzettlich, die oberen deutlich größer als die unteren; **Blüten** bis 9 mm breit, gelb, zahlreich in dichten, gestielten, walzenförmigen Trauben in der Achsel der mittleren Stängelblätter. **Vorkommen** Großseggenrieder, Bruchwälder, Moore, Uferstauden nährstoffarmer stehender oder sehr langsam fließender Gewässer. Vor allem in M.- und N-EU; in D im Alpenvorland sowie im nördlichen Tiefland, sonst selten. § **Wissenswert!** Die goldgelben, schmal linealischen Kronblätter tragen an der Spitze dunkelrote Drüsenpunkte.

Hain-Gilbweiderich

Lysimachia nemorum · Fam. Primelgewächse

Hübsche Waldpflanze mit kriechendem oder schwach aufsteigendem Stängel und auffallenden, goldgelben Blüten. ✿ Mai–Jul

Mehrjährig; Stängel bis zu 25 cm lang, wurzelt an den Blattknoten; **Blätter** gegenständig, Spreite breit eiförmig, 2–3 cm lang, leicht zugespitzt, meist alle in eine Ebene gedreht, kahl; **Blüten** gestielt, einzeln den oberen Blattachseln entspringend, Kronen bis zu 1,5 cm breit. **Vorkommen** Auenwälder, Berg- und Schluchtwälder; kalkarme Lehm- und Tonböden. In EU weit verbreitet; in D zerstreut, fehlt meist im Tiefland und in den trockeneren Gebieten der Mittelgebirge. **Wissenswert!** Die dem menschlichen Auge nur leicht dunkler gelb erscheinende Blütenmitte sticht für Insektenaugen durch UV-Reflexion kontrastreich hervor.

Pfennigkraut

Lysimachia nummularia · Familie Primelgew.

Kleine, liegende Pflanze mit kriechendem Stängel, münzgroßen, rundlichen Blättern und goldgelben Blüten. ✿ Mai–Jul

Mehrjährig; Stängel 30–50 cm lang, wenig verzweigt; **Blätter** drüsig punktiert, 1,5–3 cm breit, am Grund leicht herzförmig, meist in einer Ebene, im Herbst kupferbraun; **Blüten** lang gestielt, einzeln oder zu wenigen in den vorderen Blattachseln der Triebe, bis zu 2,5 cm breit, Kronen innen durch dunkelrote Drüsen leicht punktiert. **Vorkommen** Wiesen, Weiden, Gebüsche, Gärten, Auenwälder. In EU weit verbreitet (außer Mittelmeergebiet); in D häufig. **Wissenswert!** Die Pflanze bildet nur selten Früchte aus; sie vermehrt sich hauptsächlich vegetativ durch bewurzelte Triebe.

Gewöhnlicher Gilbweiderich

Straußblütiger Gilbweiderich

Hain-Gilbweiderich

Pfennigkraut

Stängellose Schlüsselblume

Primula vulgaris · Familie Primelgewächse

Unverkennbarer Frühblüher im Kulturland und in Wäldern, mit Rosettenblättern und großen, hellgelben Blüten. ✩ Mär–Apr

Blütenschnitt

Mehrjährig; **Blätter** sämtlich in grundständiger Rosette, Spreite oberseits kahl, unterseits behaart, verkehrt eiförmig, zur Basis allmählich verschmälert, ohne deutlichen Blattstiel, sehen etwas geknittert aus; **Blüten** lang gestielt, bis zu 3,5 cm breit, Kronen flach ausgebreitet, zahlreich auf kurzem Schaft oder entspringen direkt der Blattrosette.

Vorkommen Lichte Wälder, Gebüsche, Obst- und Baumwiesen, Gärten. Vor allem in W- und SW-EU; selten in Schleswig-Holstein und Mecklenburg, in den S-Alpen stellenweise bis in 1400 m Höhe. §

Duftende Schlüsselblume

Primula veris · Familie Primelgewächse

Auch als Wiesen-Primel bekannte Art mit stark duftenden, dottergelben Blüten. ✩ Apr–Mai

Mehrjährig; **Blätter** alle in Grundrosette, 2–8 cm breit und 6–20 cm lang, plötzlich in den breit geflügelten Blattstiel verschmälert, oberseits dunkelgrün, runzlig, unterseits heller, nur auf den Blattnerven behaart; **Blüten** zahlreich in endständiger, leicht einseitswendiger Dolde auf 10–20 cm langem Schaft, Kronen um 1 cm breit, Schlundfleck orange, Kelch bauchig.

Vorkommen Kalkmagerrasen, magere Bergwiesen, Waldränder, Gebüsche. EU, im N bis Mittelschweden, im Mittelmeerraum weitgehend fehlend, in D nördlich der Mittelgebirge ziemlich selten.

Wissenswert! Die dunklen Schlundflecken sind Orientierung für Blütenbesucher.

Hohe Schlüsselblume

Primula elatior · Familie Primelgewächse

Mehrjährige Pflanze mit grundständiger Blattrosette und hellgelben Blüten in einseitswendiger Dolde. ✩ Mär–Mai

Blätter 2–8 cm breit und bis zu 20 cm lang, in den nur wenig geflügelten Blattstiel verschmälert, oberseits dunkelgrün, runzelig, unterseits auf den Blattnerven wenig behaart; **Blüten** bis 2 cm breit, zu 5–20 in der Dolde, diese auf 5–20 cm langem Schaft; Kronen ohne dunklere Schlundflecken.

Vorkommen Lichte, krautreiche Wälder, Wiesen mit lehmigem, nährstoffreichem (nicht gedüngtem!) Boden, Auengebüsche. In EU weit verbreitet; fehlt in D in den nordwestdeutschen Sandgebieten; in den Alpen bis in 2400 m Höhe.

Wissenswert! Die auch Wald-Primel genannte Art bastardiert mit der Duftenden Schlüsselblume.

Tüpfel-Johanniskraut

Hypericum perforatum · F. Hartheugewächse

30–80 cm hoch, mit aufrechtem, 2-kantigem Stängel und zahlreichen, goldgelben Blüten in lockerer, pyramidenförmiger Rispe. ✩ Jun–Aug

Mehrjährig; Stängel nicht geflügelt, fest; **Blätter** gegenständig, sitzend, breit oval bis linealisch, kahl, stumpf, durchscheinend weiß punktiert, am Rand mit schwärzlichen Drüsen; **Blüten** bis zu 2,5 cm breit, Kronblätter leicht unsymmetrisch, ungleich gezähnt, beim Zerreiben dunkelrot, Staubblätter in drei Büscheln.

Vorkommen Wegränder, Böschungen, Brachen, Magerrasen, Trockenhänge, Waldränder. EU; in D überall ziemlich häufig.

Wissenswert! Alte Heilpflanze, wird auch Tüpfel-Hartheu genannt. Die Gattung umfasst weitere, z. T. recht ähnliche Arten.

Stängellose Schlüsselblume
ohne ausgeprägten Stängel

Duftende Schlüsselblume

Hohe Schlüsselblume

Tüpfel-Johanniskraut
Kronblätter nach Zerreiben dunkelrot

Schönes Johanniskraut

Hypericum pulchrum · Familie Hartheugew.

Blätter gegenständig, Blüten goldgelb, Stängel rund und kahl. ✿ Jun–Sep

Mehrjährig, 20–60 cm hoch; **Blätter** durchscheinend punktiert, an der Basis herzförmig stängelumfassend, unterseits blaugrün; **Blüten** bis zu 2 cm breit. **Vorkommen** Laub- und Mischwälder, Lichtungen, Waldränder, Gebüsche; auf sauren Sand- und Lehmböden. M.- und W-EU, fehlt im SO und den Alpen; in D besonders in den Mittelgebirgen.

Sonnwend-Wolfsmilch

Euphorbia helioscopi · Fam. Wolfsmilchgew.

Typisches Wolfsmilchgewächs mit weißem Milchsaft. ✿ Apr–Okt

Einjährig, 10–40 cm hoch; **Blätter** nach oben größer, verkehrt eiförmig, im vorderen Drittel gesägt; **Blüten** in 5-strahliger, Scheindolde, Nektardrüsen des Hüllbechers rundlich oval. **Vorkommen** Äcker, Gärten, Brachen, Säume. In EU weit verbreitet; in D überall häufig.

Zypressen-Wolfsmilch

Euphorbia cyparissias · Familie Wolfsmilchg.

Kräftig gelb blühende, sonst graugrüne Pflanze, schmale Blätter. ✿ Apr–Jun

Blätter 1–3 mm breit

Mehrjährig, bis 40 cm hoch; **Blätter** linealisch, bis 3 cm lang; **Blüten** in vielstrahligen Scheindolden, Hüllblätter zunächst goldgelb, später rot, Nektardrüsen 2-hörnig. **Vorkommen** Trockenrasen, Steinbrüche, Wegränder. M.- und S-EU häufig; fehlt in D im nordwestlichen Tiefland.

Garten-Wolfsmilch

Euphorbia peplus · Fam. Wolfsmilchgew.

Zarte, einjährige Pflanze, dünner Stängel und weißer Milchsaft. ✿ Jun–Okt

Etwa 5–30 cm hoch; **Blätter** wechselständig, verkehrt eiförmig, vorn stumpf und glattrandig; **Blüten** in 3-strahligen Scheindolden (Unterschied zur ähnlichen Sonnwend-Wolfsmilch), Nektardrüsen halbmondförmig, in 2 Hörner mit hellen Spitzen auslaufend. **Vorkommen** Äcker, Brachen, Gärten, Weinberge. In EU fast überall häufig.

Esels-Wolfsmilch

Euphorbia esula · Fam. Wolfsmilchgewächse

Formenreiche Pflanze, Blätter vorne am breitesten, mit Milchsaft. ✿ Mai–Jul

Mehrjährig, 15–30 cm hoch; **Blätter** linealisch, 3–7 mm breit, 3–6 cm lang, in der vorderen Hälfte am breitesten; **Blüten** in mehrstrahligen, grünlichen Scheindolden, Nektardrüsen 2-hörnig. **Vorkommen** Trockene Wiesen, Schuttplätze, Flussufer, Brachen, Böschungen. In EU weit verbreitet; in D bevorzugt in großen Stromtälern.

Gewöhnliche Nachtkerze

Oenothera biennis · Familie Nachtkerzengew.

Die großen Blüten öffnen sich gegen Abend, 50–150 cm hoch. ✿ Jun–Sep

Zweijährig, Grund**blätter** rosettig; **Blüten** 3–6 cm breit, achselständig. **Vorkommen** Trockenes Offenland, Gärten. In EU verwildert, in D im Tiefland häufig.

Ähnlich **Kleinblütige Nachtkerze** *Oenothera parviflora*, Blüten bis 4 cm breit; Sandfluren, Dünen; in D vor allem im NW.

Schönes Johanniskraut

Sonnwend-Wolfsmilch

Zypressen-Wolfsmilch

Garten-Wolfsmilch

Esels-Wolfsmilch

Gewöhnliche Nachtkerze
Blüten öffnen sich abends knisternd

Scharfer Mauerpfeffer

Sedum acre · Familie Dickblattgewächse

5–15 cm hoch, mitunter dichte Teppiche bildend, Blätter dicklich, grün, Blüten goldgelb. ✩ Jun–Sep

Mehrjährig; Stängel kriechend oder aufsteigend; **Blätter** bis 4 mm lang, im Umriss dreieckig, schmecken pfefferig scharf; **Blüten** bis zu 1,5 cm breit, in dichten Scheindolden.
Vorkommen Mauern, Bahnschotter, Kiesdächer, lückige Rasen; gern auf Kalk. EU; bis in 2300 m Höhe.

Ähnlich **Felsen-Fetthenne** *Sedum rupestre*, formenreich, Blätter bis 2 cm lang, mit Stachelspitze, an der Basis gespornt; Blüten zitronengelb; Trockenrasen, Mauern, Felsen.

Wechselblättriges Milzkraut

Chrysosplenium alternifolium · F. Steinbr.gew.

5–10 cm hohe, mehrjährige Pflanze mit aufrechten, wenig verzweigten 3-kantigen Stängeln und gelblich grünen Blüten. ✩ Apr–Mai

Blätter nierenförmig, wenig gekerbt, borstig behaart, Grundblätter lang gestielt, Stängelblätter wechselständig; **Blüten** bis zu 4 mm breit, zu wenigen in kurzen Dolden, Kronblätter fehlen.
Vorkommen Bachufer, Sümpfe, Quellfluren, feuchte Staudenfluren, Schluchtwälder. In EU in den Kalkgebieten weit verbreitet; in D im N selten, sonst zerstreut.

Ähnlich **Gegenblättriges Milzkraut** *Chrysosplenium oppositifolium*, Stängel 4-kantig, Blätter gegenständig, unterseits kahl; an vergleichbaren Wuchsplätzen, aber bevorzugt auf Silikatböden.

Echte Nelkenwurz

Geum urbanum · Familie Rosengewächse

20–60 cm hoch, mit aufrechtem, verzweigtem, behaartem Stängel und kleinen, goldgelben Blüten. ✩ Mai–Jul

Mehrjährig; Grund**blätter** lang gestielt, unpaarig gefiedert, mit sehr großer, fiederteiliger Endfieder; Stängelblätter 3-zählig oder einfach, gezähnt, mit großen Nebenblättern; **Blüten** einzeln, lang gestielt in den oberen Blattachseln oder in lockerer Rispe, Kronen bis 2,5 cm breit.
Vorkommen Nährstoff- und stickstoffreiche, mäßig feuchte Böden; Gebüsche, Hecken, Säume, Waldränder, Mauern, Brachen, Böschungen. Fast überall in EU.
Wissenswert Die bleibenden borstig-steifen Griffel krümmen sich an den reifenden Früchten, sodass diese an Tieren hängen bleiben und so ausgebreitet werden.

Kleiner Odermennig

Agrimonia eupatoria · Fam. Rosengewächse

Mittelgroße Pflanze mit wenig verzweigtem Stängel und hellgelben Blüten in dichter, schlanker Traube. ✩ Jun–Sep

Mehrjährig, zur Blütezeit bis zu 60 cm, fruchtend bis zu 100 cm hoch; Stängel aufrecht, rauhaarig; **Blätter** abwechselnd mit großen und kleinen Fiedern, grob gezähnt, unterseits weißfilzig; **Blüten** bis zu 1 cm breit.
Vorkommen Trockengebüsche, Feldraine, Waldränder, Halbtrockenrasen, Magerwiesen; gern auf trockenen, kalkhaltigen Böden. Fast überall in EU mit Ausnahme des tiefen S weit verbreitet und häufig, im Bergland bis in 1800 m Höhe.
Wissenswert! Bewährte Heilpflanze gegen Magen-, Darm- und Leberleiden. Der Kelch wird zur Reifezeit borstig und dient durch Kletthaftung der Fruchtausbreitung.

Scharfer Mauerpfeffer

Wechselblättriges Milzkraut

Echte Nelkenwurz

Kleiner Odermennig

Gewöhnlicher Frauenmantel

Alchemilla vulgaris · Familie Rosengewächse

Formenreich, mit handförmig gelappten Blättern. ✿ Mai–Sep

Mehrjährig, meist 15–50 cm hoch; **Blätter** rund, 7- bis 11-lappig, entlang der Hauptrippen gefaltet, gezähnt, weichhaarig, seltener auch kahl; **Blüten** grünlich gelb, höchstens 4 mm breit, ohne Kronblätter, nektarreich. **Vorkommen** Wiesen, Weiden, Waldränder, Gebüsche, überwiegend im Bergland. Fast überall in EU verbreitet.

Blutwurz, Tormentill

Potentilla erecta · Familie Rosengewächse

Mit liegendem oder aufsteigendem Stängel und 4-zähligen Blüten. ✿ Mai–Okt

Mehrjährig, 10–30 cm hoch, mit kriechendem Wurzelstock; Grund**blätter** gestielt, 3-zählig, grob gezähnt, Stängelblätter sitzend; **Blüten** bis 1 cm breit, lang gestielt in den Blattachseln. Heilpflanze. **Vorkommen** Mischwälder, Heiden, Magerwiesen, Niedermoore; mäßig versauerte, nährstoffarme Böden. EU-weit häufig.

Gänse-Fingerkraut

Potentilla anserina · Familie Rosengewächse

Vielpaarig gefiederte, gezähnte Blätter in einer Rosette, lange Ausläufer, große Blüten. ✿ Mai–Aug

Mehrjährig, Stängel kriechend, bis 50 cm lang; **Blätter** mit großen und kleinen Fiedern, unterseits seidig; **Blüten** lang gestielt, bis 2,5 cm breit. **Vorkommen** Brachen, Wegränder, Ufer, Graudünen. In EU außer im NW und SO verbreitet.

Kriechendes Fingerkraut

Potentilla reptans · Familie Rosengewächse

Kriechende, bis 1 m lange Stängel, Blätter gefingert. ✿ Mai–Aug

Mehrjährig; **Blätter** lang gestielt, 5- bis 7-zählig, Fiedern grob gezähnt; **Blüten** lang gestielt in den Blattachseln, Kronen flach ausgebreitet, bis zu 2,5 cm breit; **Früchte** werden von Ameisen ausgebreitet. **Vorkommen** Pionier in lückigen Rasen; Wegränder, Raine, Böschungen, Brachen, Schuttstellen. Überall in EU verbreitet.

Wiesen-Platterbse

Lathyrus pratensis · F. Schmetterlingsbl.gew.

Kantiger, behaarter, meist liegender bzw. kletternder Stängel. ✿ Jun–Jul

Mehrjährig, 20–90 cm lang; **Blätter** mit 1 Fiederpaar und 1 großen Endranke, Nebenblätter größer als Fiedern und pfeilförmig; **Blüten** 1–2 cm lang, zu 3–12 in lockeren Trauben. **Vorkommen** Fett- und Nasswiesen, Ufer, Gebüsche, Wälder, Waldlichtungen, Staudenfluren. In EU fast überall häufig, so auch in D, aber stellenweise selten oder fehlend.

Hufeisenklee

Hippocrepis comosa · F. Schmetterlingsbl.g.

Bläulich grün, Hülse mit hufeisenförmigen Abschnitten. ✿ Mai–Sep

Mehrjährig, 10–30 cm hoch; **Blätter** lang gestielt, unpaarig gefiedert, mit 9–15 ovalen, etwa 1 cm langen Fiedern; **Blüten** zu 4–10 im Halbkreis; **Hülse** mit hufeisenförmigen Abschnitten. **Vorkommen** Trockenrasen, Steinbrüche, lichte Laubwälder; Kalkzeiger. W-, M.- und S-EU; in D selten.

Gewöhnlicher Frauenmantel

Blutwurz, Tormentill

Gänse-Fingerkraut

Kriechendes Fingerkraut

Wiesen-Platterbse

Hufeisenklee

Gewöhnlicher Wundklee

Anthyllis vulneraria · Fam. Schmetterlingsbl.

Formenreiche Pflanze mit gelben, orangen bis rötlichen Blüten. ✿ Mai–Sep

Mehrjährig, 15–50 cm hoch; **Blätter** mit 1–6 Paar elliptischer, nach vorn vergrößerter Seitenfiedern, Endfieder oft größer als das gesamte Blatt; **Blüten** 1–2 cm lang, in nahezu kugeligen Köpfen, Kelch dicht behaart, nach der Blüte bauchig.
Vorkommen Magerrasen, Böschungen, Steinbrüche, Trockenhänge, Gebüsche, Wegränder, vorzugsweise auf kalkhaltigem Boden. In EU weit verbreitet; in NW-D selten. Früher als Heilpflanze verwendet.

Hopfenklee, Gelbklee

Medicago lupulina · F. Schmetterlingsbl.g.

Viele Blüten in kleinen Köpfchen, Hülsen schneckenförmig. ✿ Mai–Sep

Ein- oder mehrjährig, bis 30 cm lang; **Blätter** 3-zählig gefiedert, Fiedern meist leicht ausgerandet, mit kurzem Spitzchen; **Blüten** bis 3 mm lang, in Köpfchen, fallen bald ab.
Vorkommen Wiesen, Wegränder, Trockenrasen, Gebüsche, Äcker, im Bergland bis in 1500 m Höhe. In EU weit verbreitet, in ganz D häufig.

Zwerg-Klee, Faden-Klee

Trifolium dubium · Familie Schmetterlingsbl.

Liegende, dünne Stängel und Blüten in kugeligen Köpfchen. ✿ Mai–Okt

Einjährig, 10–20 cm hoch; **Blätter** 3-zählig, Fiedern bis 1 cm lang, vorn gezähnt, Endfieder länger gestielt als die seitlichen ; **Blüten** zu 5–10 in 5–8 mm langen Köpfen, Kronen später hellbraun, fallen nicht ab.
Vorkommen Parkrasen, Wiesen, Weiden und Wege. Lehmzeiger. Überall in EU ziemlich häufig.

Acker-Klee, Feld-Klee

Trifolium campestre · F. Schmetterlingsbl.g.

Meist liegender, relativ langer Stängel, viele hellgelbe Blüten in Köpfchen. ✿ Jun–Sep

Einjährig, 5–30 cm; **Blätter** 3-zählig, Endfieder länger gestielt als die seitlichen; **Blüten** 5 mm lang, zu 20–30 in bis 1,2 cm langen Köpfchen, bleiben welk hellbraun.
Vorkommen Wiesen, Äcker, Brachen, Waldwege. Magerkeitszeiger. In EU weit verbreitet; in D vor allem in den tieferen Lagen.

Gold-Klee

Trifolium aureum · F. Schmetterlingsbl.gew.

Verzweigter Stängel und goldgelbe Blüten in Köpfchen. ✿ Jun–Aug

Einjährig, 10–40 cm hoch; **Blätter** 3-zählig, Fiedern schmal oval gestielt; **Blüten** um 6 mm lang, zu 20–40 in bis 2 cm langen Köpfen, Kronen bleiben welk hellbraun.
Vorkommen Heiden, Halbtrockenrasen, kalkarme Magerrasen, Weg- und Waldränder, Säume, Böschungen. Magerkeitszeiger. In EU fast überall häufig.

Gewöhnlicher Hornklee

Lotus corniculatus · F. Schmetterlingsbl.gew.

Vielblütig, mit liegendem oder aufsteigendem Stängel. ✿ Mai–Aug

Mehrjährig, bis 30 cm hoch; **Blätter** 3-zählig, großes Nebenblattpaar, kahl; **Blüten** bis 1,3 cm lang, zu 3–8 in flachen Köpfchen, rötliche Schiffchenspitze zeigt rechtwinklig nach oben. Blattfiedern senken sich nachts ab.
Vorkommen Trockenrasen, Fettwiesen, Waldränder, Gebüschsäume; Lehmzeiger.

Gewöhnlicher Wundklee

Hopfenklee, Gelbklee

Zwerg-Klee, Faden-Klee

Acker-Klee, Feld-Klee

Gold-Klee

Gewöhnlicher Hornklee

Echter Steinklee

Melilotus officinalis · F. Schmetterlingsbl.g.

Bis 1,2 m hoch, mit verzweigtem Stängel und kleinen, gelben Blüten in zahlreichen schlanken Trauben. ✿ Jun–Sep

Zweijährig; **Blätter** 3-zählig gefiedert, Fiedern gezähnt, Nebenblätter glattrandig; **Blüten** 5–7 mm lang, Trauben in den oberen Blattachseln; Fahne und Flügel länger als das Schiffchen, Fruchtknoten und Hülse kahl.
Vorkommen Brachen, Steinbrüche, Wegränder; an sonnigen Stellen. Überall in EU.

Ähnlich **Hoher Steinklee** *Melilotus altissimus*, Fahne, Flügel und Schiffchen gleich lang, Fruchtknoten und Hülse anliegend behaart; feuchte Standorte.

Bärenschote, Süß-Tragant

Astragalus glycyphyllos · F. Schmetterl.bl.g.

Stängel liegend, an den Enden aufsteigend, verzweigt, bis zu 1,5 m lang, Blüten gelblich grün, in gestielten Trauben. ✿ Mai–Jul

Blatt und Hülse

Mehrjährig; **Blätter** bis zu 20 cm lang, unpaarig gefiedert, die 9–15 Fiedern 2–4 cm lang, glattrandig; **Blüten** bis 1,5 cm lang, Trauben in den Blattachseln; **Hülse** mit längerem Schnabelfortsatz.
Vorkommen Waldränder, lichte Gebüsche, Kahlschläge; meist auf kalkhaltigen Lehmböden. Vor allem M.-EU, fehlt oft in S-EU; in D nur zerstreut, im NW ganz fehlend.
Wissenswert! Enthält in Blättern und Wurzeln süß schmeckende Stoffe, die auch Bestandteil von Lakritze sind. Früher auch als Heilpflanze verwendet.

Echtes Springkraut

Impatiens noli-tangere · F. Balsaminengew.

30–100 cm hoch, mit aufrechtem, glasig erscheinendem Stängel und hängenden, gelben, innen weinrot gepunkteten Blüten. ✿ Jun–Okt

Kapsel, (unten: aufgesprungen)

Einjährig; **Blätter** bis zu 10 cm lang; **Blüten** lang getielt, Kronen 2–3 cm lang, mit langem, gekrümmtem Sporn; reife Kapsel springt bei Berührung explosionsartig auf und schleudert die Samen fort.
Vorkommen Feuchte Wälder Gebüsche. In EU häufig.

Ähnlich **Kleinblütiges Springkraut** *Impatiens parviflora*, bis 60 cm hoch, Blüten etwa 1 cm lang, blassgelb, mit geradem Sporn; in Parks und Hecken.

Moschuskraut

Adoxa moschatellina · F. Moschuskrautgew.

5–15 cm hohe Waldbodenpflanze mit aufrechtem, rundem Stängel und grünlichen Blüten. ✿ Mär–Mai

Mehrjährig; grundständige **Blätter** lang gestielt, am Stängel in der Mitte nur 1 gegenständiges Blattpaar, Spreite 3-zählig, hellgrün, beim Zerreiben mit schwachem Moschusduft; **Blüten** zu 5 in einem würfelförmigen Köpfchen, Gipfelblüte mit 4-teiliger Krone und 2-teiligem Kelch, Kronen der Seitenblüten 5-teilig, über einem 3-teiligen Kelch, grünlich.
Vorkommen Humusreiche, lockergründige Laub- und Mischwälder, Auengebüsche; vorzugsweise auf nährstoffreichen, lehmigen Böden. In EU weit verbreitet; in D nur gebietsweise häufig.
Wissenswert! Die Moschuskrautgewächse umfassen weltweit nur 3 Arten.

Echter Steinklee

Bärenschote, Süß-Tragant

Echtes Springkraut

Moschuskraut

Bilsenkraut

Hyoscyamus niger · Fam. Nachtschattengew.

Im Offenland, Krone glockig, Stängel stumpfkantig. ✫ Juni–Sep

Einjährig, 30–80 cm hoch; **Blätter** oval, buchtig gezähnt bis fiederteilig; **Blüten** einzeln in den Blattachseln, Krone 1–3 cm lang und bis 2 cm breit, trübgelb, violett geadert, im Schlund dunkelviolett. **Vorkommen** Brachflächen, Schuttstellen, Siedlungen, Mauern; auf nährstoffreichen Böden. S- und M.-EU, in D selten und nur unbeständig.

Aufrechter Sauerklee

Oxalis fontana · Fam. Sauerkleegewächse

Pflanze mit dünnem, ästigem Stängel, Blüten in lockerer Traube. ✫ Apr–Okt

Ein- bis mehrjährig, 15–40 cm hoch; **Blätter** 3-zählig gefiedert, auch rötlich überlaufen; **Blüten** bis 1,5 cm breit; Kapseln schleudern Samen explosiv aus. **Vorkommen** Äcker, Gärten, Parks, Gehwegränder. Stammt aus N-Amerika; in D seit dem vorigen Jh. meist fest eingebürgert.

Pastinak

Pastinaca sativa · Fam. Doldenblütengew.

Gelber Doldenblütler, kantig gefurchter, behaarter Stängel. ✫ Jul–Aug

Zweijährig, 30–100 cm hoch; **Blätter** unpaarig gefiedert, Fiedern bis 2 cm breit und 5 cm lang, duften zerrieben; **Blüten** chromgelb, stark duftend, in Dolden ohne Hülle oder Hüllchen. **Vorkommen** Wiesen, Wegränder, Brachflächen. In EU verbreitet; in D meist häufig. Alte Kulturpflanze.

Seekanne

Nymphoides peltata · Fam. Fieberkleegew.

Schwimmblätter rundlich-herzförmig, kriechende Grundachse. ✫ Jul–Sep

Mehrjährig; Schwimm**blätter** lang gestielt, ähneln denen einer Seerose, sind aber nur 4–8 cm breit, unterseits drüsig punktiert; **Blüten** bis zu 3 cm breit, Kronen, gewimpert. **Vorkommen** Nährstoffreiche, sommerwarme stehende oder sehr langsam fließende Gewässer, fast nur in den Stromtälern. N- und M.-EU; in D selten. §

Echtes Labkraut

Galium verum · Familie Rötegewächse

Auf Offenland, Blätter wirtelig, Stängel stumpfkantig. ✫ Jun–Sep

Mehrjährig, meist 15–50 cm hoch; **Blätter** linealisch, zu 8–12, bis 2,5 cm lang und 2 mm breit; **Blüten** zahlreich in endständigen Rispen, Kronen 3 mm breit, duften süßlich. **Vorkommen** Trockenrasen, Gebüsche, Dünen. Fast überall in EU verbreitet; in D gebietsweise nur zerstreut, sonst häufig.

Kreuzlabkraut

Cruciata laevipes · Familie Rötegewächse

Wiesenpflanze mit 4-kantigem, dicht behaartem Stängel. ✫ Apr–Jun

Mehrjährig, 20–50 cm hoch; **Blätter** elliptisch, je 4 im Wirtel, 3-nervig, 3–8 mm breit, 1–2 cm lang; **Blüten** in den Blattachseln, duftend. **Vorkommen** Wälder, Auen, Gebüsche, Hecken, Ufer. In EU weit verbreitet; in D stellenweise häufig, im N von D nur in den großen Flusstälern.

Bilsenkraut

Aufrechter Sauerklee

Pastinak

Seekanne

Echtes Labkraut

Kreuzlabkraut

Großblütige Königskerze

Verbascum densiflorum · Fam. Braunwurzg.

Bis über 3 m hoch, Stängel kräftig, aufrecht, dicht wollig behaart, Blüten hellgelb, zahlreich in langer, ährenartiger Traube. ✩ Jul–Sep

Blätter gelblich grün

Zweijährig, Stängel nur im Blütenstand verzweigt; **Blätter** länglich oval, vorn spitz, gekerbt, am Stängel herablaufend, erscheint daher geflügelt; **Blüten** gestielt, 2–4 cm breit, duften etwas unangenehm. Kapsel**fucht** mit winzigen Samen.
Vorkommen Brachflächen, Schotterfluren, Steinbrüche, Waldlichtungen; trockene, aber nährstoffreiche Böden. M.-EU, auch S-EU; in D im südlichen Teil weit verbreitet, gegen N zu seltener; auch oft angepflanzt.
Wissenswert! Die Behaarung der Staubblattstielchen täuscht den bestäubenden Insekten ein enormes Pollenangebot vor.

Schwarze Königskerze

Verbascum nigrum · Familie Braunwurzgew.

50–120 cm hoch, mit aufrechtem, meist unverzweigtem Stängel und gelben Blüten in schlanker, ährenartiger Traube. ✩ Mai–Sep

Zweijährig; **Blätter** nicht am Stängel herablaufend, Spreite an der Basis herzförmig, gekerbt, unterseits filzig behaart; **Blüten** kurz gestielt, zahlreich, Kronen 1,5–2,5 cm breit, Staubbeutel orange, Staubblattstielchen kontrastreich violett behaart.
Vorkommen Wegränder, Böschungen, Brachen, Waldsäume, Trockenwiesen; lockere Böden. In M.-EU weit verbreitet; in D fast überall, aber meist nur zerstreut; gelegentlich als Zierpflanze in Gärten verwendet.
Wissenswert! Die Haare an den Staubblättern sind keine zusätzliche Insektennahrung, sondern wohl Pollenattrappen.

Großblütiger Fingerhut

Digitalis grandiflora · Familie Wegerichgew.

40–120 cm hoch, Stängel aufrecht, kräftig, meist unverzweigt, kahl; Blüten schwefelgelb, in einseitswendiger Traube. ✩ Jun–Sep

Zwei- bis mehrjährig; **Blätter** länglich elliptisch bis lanzettlich, glatt, oberseits glänzend, fein gesägt, am Rand und auf den Hauptnerven fein behaart; **Blüten** zahlreich, einseitswendige Traube schlank, lang; Kronen glockig, bis zu 4 cm lang, innen bräunlich gefleckt oder geadert.
Vorkommen Sonnige Waldsäume, Schläge, Lichtungen; kalkliebend. W- und M.-EU; in D zerstreut in der Mittelgebirgsregion bis in etwa 1500 m Höhe. §
Wissenswert! Enthält wie der Rote Fingerhut herzwirksame Giftstoffe (Glykoside), wird aber im Gegensatz zu seinen Verwandten nicht medizinisch genutzt.

Gelber Fingerhut

Digitalis lutea · Familie Wegerichgewächse

50–100 cm hohe Wald(saum)pflanze mit aufrechtem, meist unverzweigtem Stängel und hellgelben Blüten in endständigen Trauben. ✩ Jun–Aug

Mehrjährig; Stängel kahl; **Blätter** schmal, glänzend dunkelgrün, glatt; **Blüten** bis 2,5 cm lang, in schlanken Trauben; Kronen röhrig, innen ohne dunklere Zeichnung, Oberlippe spitz 2-zipfelig. Alle Teile der Pflanze sind stark giftig!
Vorkommen Lichte Laub- und Mischwälder, Kahlschläge, Gebüsche, Wegränder; kalkliebend. Südliches M.-EU, S-EU; in D vereinzelt, fehlt im Tiefland. §
Wissenswert! Wurde früher als Heilpflanze verwendet. Heute gewinnt man die wertvollen Arzneistoffe meist aus dem Wolligen Fingerhut (*Digitalis lanata*), der im Balkan beheimatet ist.

Großblütige Königskerze

Schwarze Königskerze

Großblütiger Fingerhut

Gelber Fingerhut

Gewöhnliches Leinkraut

Linaria vulgaris · Familie Wegerichgewächse

20–60 cm hoch, mit aufrechten, verzweigten, kahlen, festen Stängeln und zahlreichen hellgelben Blüten in dichter, endständiger Traube. ✿ Juni-Sep

Mehrjährig; **Blätter** dem Lein (⇨ S. 184) ähnlich, überwiegend wechselständig, linealisch, 2–8 cm lang und 1–5 mm breit, oberseits graugrün kurz behaart; **Blüten** gestielt, zahlreich; Kronen 2–3,5 cm lang, mit langem, geradem Sporn und orangegelbem Fleck.

Vorkommen Trockene, sonnige, sandige und steinige Böden, z. B. Bahndämme, Schotterfluren, Steinbrüche, Brachflächen. In EU weit verbreitet; in D häufig.

Wissenswert! Nur große Hautflügler wie Hummeln können die Blüte öffnen und zu den Nektarvorräten im rückwärtigen Sporn vordringen.

Zottiger Klappertopf

Rhinanthus alectorolophus · F. Sommerwrz.g.

10–50 cm hohe Wiesenpflanze mit dicht zottig behaartem Stängel und hellgelben Blüten. ✿ Mai–Sep

Formenreich, einjährig, Stängel einfach oder verzweigt; **Blätter** gegenständig, länglich-lanzettlich, gekerbt; **Blüten** in den Achseln der oberen Stängel- und der bleichgrünen, zottig behaarten Tragblätter; Kronen 1,8–2,5 cm lang, Oberlippe mit blauviolettem Zahn, Kelch kraus behaart.

Vorkommen Trockene Wiesen, auf mageren Kalkböden. M.-EU; in D im S häufiger.

Ähnlich **Kleiner Klappertopf** *Rhinanthus minor*, Blüten höchstens 1,6 cm lang, Oberlippenzahn weißlich blau; Wiesen, Niedermoore, meidet kalkhaltige Böden.

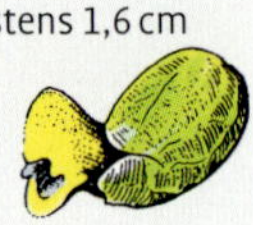

Gamander-Sommerwurz

Orobanche teucrii · Familie Sommerwurzgew.

Eigenartig bleiche Wiesenpflanze ohne Blattgrün, mit aufrechtem, unverzweigtem, ziemlich gedrungenem Stängel. ✿ Jun–Aug

Ein- bis mehrjährig, 10–30 cm hoch; **Blätter** schuppenförmig, bleich, drüsig behaart, etwa 0,5–1,5 cm lang; **Blüten** in nach oben dichter werdender Ähre, Kronen 2–3 cm lang, 2-lippig, weißlich, gelbbräunlich bis leicht rötlich, drüsig behaart, Oberlippe 2-spaltig mit abstehenden Zipfeln.

Vorkommen Lückige Trockenrasen, lichte Gebüsche; vorzugsweise auf kalkhaltigen Löss- und Lehmböden ohne Stickstoffanreicherung. Vor allem S-EU; in D vereinzelt im Oberrheingebiet und in der Pfalz.

Wissenswert! Wie alle *Orobanche*-Arten Vollschmarotzer, der ausschließlich auf Gamander-Arten (⇨ rechts u. S. 164) lebt.

Salbei-Gamander

Teucrium scorodonia · Fam. Lippenblütengew.

30–70 cm hohe Wald(saum)pflanze mit 4-kantigem, aufrechtem, meist verzweigtem Stängel und blass grünlich gelben Blüten. ✿ Jul–Sep

Mehrjährig: Stängel am Grund mit Ausläufern; **Blätter** gegenständig, gestielt, herzförmig, 1–2 cm breit und 3–6 cm lang, leicht runzelig, weich behaart, am Rand gekerbt; **Blüten** zahlreich in schlanker, einseitswendiger Scheinähre, Kronen um 1 cm lang, ohne deutliche Oberlippe, aber mit ausgeprägter Unterlippe (Insektenlandeplatz!), Kelch helmförmig.

Vorkommen Eichenwälder, Heiden, Waldsäume, Wege; gern auf sauren Böden. M.- und S-EU; in D vor allem im Mittelgebirge.

Wissenswert! Benötigt eine relativ hohe Luftfeuchtigkeit, um optimal zu gedeihen.

Gewöhnliches Leinkraut

Zottiger Klappertopf

Gamander-Sommerwurz

Salbei-Gamander

Goldnessel

Galeobdolon luteum · Fam. Lippenblütengew.

20–60 cm hohe Waldbodenpflanze mit spärlich behaartem Stängel und oberirdischen Ausläufern, Blüten goldgelb. ✩ Apr–Jun

Mehrjährig; **Blätter** gegenständig, breit eiförmig bis lanzettlich, grob gezähnt oder gekerbt, oberseits mitunter hell gefleckt; **Blüten** zu 6–10 als Scheinquirle in den oberen Blattachseln, Kronen 1,5–2,5 cm lang, Unterlippe 3-zipfelig, bräunlich gefleckt.
Vorkommen Laubwälder, Gebüsche, Säume, Staudenfluren; auf lockeren, humusreichen Böden. In EU weit verbreitet; in D nahezu überall häufig.
Wissenswert! Bildet eine Kleinartengruppe, die gegenseitige Abgrenzung und Benennung der verschiedenen Formen steht aber noch nicht eindeutig fest.

Bunter Hohlzahn

Galeopsis speciosa · Fam. Lippenblütengew.

Bis 1 m hohe Waldpflanze mit aufrechtem, nur an den Knoten abstehend behaartem Stängel und gelben Blüten. ✩ Jun–Okt

Einjährig; **Blätter** gegenständig, gestielt, länglich eiförmig, 3–12 cm lang, am Rand gesägt; **Blüten** quirlartig gehäuft in den Achseln der oberen Blätter; Kronen 2–3,5 cm lang, Mittellappen der 3-zipfeligen Unterlippe violett gezeichnet oder ganz violett.
Vorkommen Wälder, Lichtungen, Gebüsche, Hecken, Säume, Äcker, Brachen, Schuttstellen. EU; in D nur im NW selten, sonst eher zerstreut.
Wissenswert! Die Gattung Hohlzahn umfasst mehrere gelb oder rötlich blühende Arten. Alle haben 2 zahnartige Ausstülpungen der Unterlippe (namengebendes Merkmal).

Kanadische Goldrute

Solidago canadensis · Fam. Korbblütengew.

Bis 2,5 m hoch, Stängel aufrecht, kräftig, im oberen Teil dicht kurzhaarig, Korbblüten goldgelb. ✩ Jul–Okt

Mehrjährig; Stängel erst im Blütenstand verzweigt; **Blätter** wechselständig, lanzettlich, 7–15 cm lang, im vorderen Drittel gesägt; **Blüten**körbchen etwa 5 mm lang, zylindrisch, zahlreich in einseitswendigen Rispenästen; die unscheinbaren Zungenblüten ungefähr so lang wie die Röhrenblüten (bei ähnlicher Riesen-Goldrute (*S. gigantea*) sind die Zungenblüten länger.
Vorkommen Flussauen, Gebüsche, Brachen, Schuttstellen, Waldränder, Gartenland. Stammt aus N-Amerika, aus Gartenkultur verwildert; in den meisten Gebieten von EU eingebürgert, in D vom Tiefland bis ins Gebirge häufig.

Echte Goldrute

Solidago virgaurea · Familie Korbblütengew.

Bis 80 cm hoch, mit aufrechtem, wenig verzweigtem, meist kahlem Stängel und gelben Korbblüten. ✩ Jul–Okt

Mehrjährig; **Blätter** wechselständig, länglich elliptisch, zugespitzt, gekerbt, verschmälern sich an der Basis in den schwach geflügelten Blattstiel, die oberen Blätter sitzend und zunehmend glattrandig; **Blüten**körbchen 1–2 cm breit, zahlreich in schlanker endständiger, oft sehr reichblütiger Traube oder Rispe, meist mit 6–12 ausgebreiteten Zungenblüten. Traditionelle Heilpflanze.
Vorkommen Gebüsche, lichte Wälder, Böschungen, Weiden, Bergwiesen; bevorzugt auf trockenem Boden. In EU mit Ausnahme des Mittelmeerraums weit verbreitet; in D gebietsweise nur zerstreut, im Bergland bis in etwa 2500 m Höhe.

Goldnessel

Bunter Hohlzahn

Kanadische Goldrute

Echte Goldrute

Strahlenlose Kamille

Matricaria discoidea · Fam. Korbblütengew.

Unverwechselbare Pflanze; Stängel zäh, reich verzweigt. ✿ Jun–Aug

Einjährig, 5–30 cm hoch; **Blätter** mehrfach gefiedert, mit schmalen Zipfeln; **Blütenkörbchen** oval, ohne Zungenblüten, nur mit grüngelben Röhrenblüten, duftet zerrieben aromatisch.
Vorkommen Äcker, Brachen, Wegränder, Schuttstellen, Trittrasen. Stammt aus O-Asien, heute überall in EU verbreitet und häufig.

Färber-Hundskamille

Anthemis tinctoria · Fam. Korbblütengew.

Feste, verzweigte Stängel mit einheitlich gelben Köpfen. ✿ Jun–Sep

Zwei- oder mehrjährig, 20–70 cm hoch; **Blätter** doppelt fiederspaltig; **Blütenkörbchen** 2–4 cm breit, Zungen- und Röhrenblüten leuchtend gelb, daraus wurde früher ein Textilfarbstoff gewonnen.
Vorkommen Trockenrasen, Gebüsche, Felsfluren, Brachen. M.- und S-EU; in D in milden Lagen.

Saat-Wucherblume

Chrysanthemum segetum · F. Korbblütengew.

Ackerwildkraut mit im oberen Teil wenig verzweigtem Stängel. ✿ Jul–Sep

Einjährig, 20–60 cm hoch; **Blätter** kaum gestielt, grob gesägt bis fiederspaltig; **Blütenkörbchen** auffällig, 2–5 cm breit, Zungen- und Röhrenblüten goldgelb.
Vorkommen Äcker, Schuttplätze, Wege; meidet Kalk. In M.- und S-EU verbreitet, in D durch Herbizideinsatz fast überall selten geworden.

Rainfarn

Tanacetum vulgare · Fam. Korbblütengew.

Unverkennbare Pflanze mit zahlreichen Blütenköpfchen. ✿ Jul–Sep

Mehrjährig, 60–120 cm hoch; **Blätter** fiederteilig; **Blütenkörbchen** 0,5–1 cm breit, bilden eine Doldenrispe, Zungenblüten fehlen, Röhrenblüten gelb, beim Zerreiben mit kampferartigem Duft.
Vorkommen Brachen, Wegränder, Schuttflächen, Dämme, Ufer. In ganz EU weit verbreitet und häufig.

Huflattich

Tussilago farfara · Fam. Korbblütengewächse

Ohne ausgeprägten Stängel; Blütezeit lange vor Blattaustrieb. ✿ Feb–Apr

Mehrjährig; **Blätter** grundständig, lang gestielt, rundlich herzförmig, 10–30 cm lang, unterseits graufilzig behaart, erscheinen nach der Blüte; **Blütenschaft** 5–15 cm hoch, bleich, mit rötlichen Schuppenblättern, Körbchen 2–2,5 cm breit.
Vorkommen Brachen, Wegränder, Schuttstellen, lichte Wälder. In D wie fast überall in EU häufig.

Nickender Zweizahn

Bidens cernua · Familie Korbblütengewächse

Aufrechter, kahler, nur oben verzweigter Stängel. ✿ Jul–Sep

Einjährig, 15–80 cm hoch; **Blätter** gegenständig oder zu 3 in Wirteln, oval-lanzettlich, gezähnt; **Blütenkörbchen** 2,5–4 cm breit, mit 6–9 Zungenblüten (können fehlen) und braungelben Röhrenblüten.
Vorkommen Ufer, Gräben, Feuchtwiesen. In EU mit Ausnahme des S weit verbreitet; in D meist zerstreut.

Strahlenlose Kamille

Färber-Hundskamille

Saat-Wucherblume

Rainfarn

Huflattich
blüht vor dem Blattaustrieb

Nickender Zweizahn

Hain-Greiskraut

Senecio nemorensis · Fam. Korbblütengew.

Meist 5 Zungenblüten, Stängel kantig, meist braunrot. ☆ Jul–Sep

Mehrjährig, 50–150 cm hoch; **Blätter** 5–20 cm lang, unterseits meist behaart, gezähnt; **Blüten**körbchen 2,5–3 cm breit, in breiter Doldenrispe, meist 5 Zungenblüten.
Vorkommen Wälder, Gebüsche, Lichtungen. In M.- und S-EU; in D vor allem in den Mittelgebirgen häufig. Weitere ähnliche Arten im Gebiet.

Gewöhnliches Greiskraut

Senecio vulgaris · Fam. Korbblütengewächse

Ackerwildkraut, Stängel anfangs flockig behaart, später kahl. ☆ Mär–Okt

Einjährig, 10–40 cm hoch; **Blätter** wechselständig, buchtig gelappt bis fiederteilig, unterseits wie mit Spinnweben überzogen; **Blüten**körbchen um 5 mm breit, gelb, immer ohne Zungenblüten, häufig nickend, Außenhülle schwarzgrün. Giftig.
Vorkommen Äcker, Gärten, Schuttstellen, Wegränder. In D wie überall in EU sehr häufig.

Klebriges Greiskraut

Senecio viscosus · Fam. Korbblütengewächse

Dem Gewöhnlichen G. sehr ähnlich, aber drüsig-klebrig behaart. ☆ Jun–Okt

Einjährig, 15–60 cm hoch; Stängel hin- und hergebogen, klebrig; **Blätter** tief fiederteilig, anfangs wie mit Spinnweben überzogen; **Blüten**körbchen in einer unebenen Doldenrispe, mit 11–15 gelben Zungenblüten, Außenhülle locker.
Vorkommen Bahndämme, Felsschutt, Wegränder. In EU weit verbreitet; in D häufig.

Schmalblättriges Greiskraut

Senecio inaequidens · Familie Korbblütengew.

Pflanze mit stark verzweigtem, etwas kantigem Stängel. ☆ Jun–Dez

Mehrjährig, 30–100 cm hoch; **Blätter** 2–6 cm lang, bis 1 cm breit, lanzettlich, ungleichmäßig gezähnt (lateinischer Name!); **Blüten**körbchen 1–1,5 cm breit, in Doldenrispen.
Vorkommen Bahngelände, Kiesgruben, Wegränder. Aus S-Afrika in EU eingebürgert; fast überall häufig.

Jakobs-Greiskraut

Senecio jacobaea · Fam. Korbblütengewächse

Viele Blütenköpfe, charakteristische Blätter, kantiger, oft bräunlicher Stängel. ☆ Jun–Okt

Ein- bis mehrjährig, 30–120 cm hoch; **Blätter** tief fiederteilig mit zipfeligen Öhrchen; **Blüten**körbchen 1,7–2 cm breit, je 11–15, in flacher Doldenrispe, Außenhülle 1- bis 2-blättrig.
Vorkommen Trockenwiesen, Gebüsche, Wegränder. In D wie in ganz EU häufig.

Topinambur, Erdbirne

Helianthus tuberosus · Fam. Korbblütengew.

12–20 sterile Zungenblüten, Stängel kräftig und rau behaart. ☆ Aug–Nov

Mehrjährig, 1–3 m hoch, unterirdische Ausläufer; Wurzelknollen gekocht essbar; **Blätter** gegenständig oder zu 3, länglich oval, gezähnt, rau; **Blüten**körbchen 5–8 cm.
Vorkommen Ufer, Brachen, Waldränder, Gärten. Aus N-Amerika, regional verwildert, in D v. a. in großen Flusstälern.

Hain-Greiskraut

Gewöhnliches Greiskraut

Klebriges Greiskraut

Schmalblättriges Greiskraut
kann an der Basis leicht verholzen

Jakobs-Greiskraut

Topinambur, Erdbirne

Kohl-Gänsedistel

Sonchus oleraceus · Fam. Korbblütengew.

Bläulich grünes Wildkraut mit reichlich weißem Milchsaft. ✿ Jun–Okt

Ein- oder zweijährig, bis zu 1 m hoch, Stängel verzweigt; **Blätter** weich, grob gesägt, stachelig gezähnt, bläulich grün, an der Basis geöhrt; **Blüten**körbchen 2–2,5 cm breit, hellgelb.
Vorkommen Äcker, Gärten, Brachflächen, Wegränder. Fast überall in EU und auch in D ziemlich häufig; früher als Gemüse genutzt.

Dornige Gänsedistel

Sonchus asper · Familie Korbblütengewächse

Ähnlich Kohl-G., aber Blätter derb, dunkel, glänzend, stachelig. ✿ Jul–Okt

Einjährig, 30–120 cm hoch; Stängel kräftig, rötlich; **Blätter** meist ungeteilt bzw. wenig fiederspaltig, mit rundlichen Öhrchen; **Blüten**körbchen bis 2,5 cm breit, nur mit Zungenblüten.
Vorkommen Äcker, Gärten, Brachflächen, Wege. In EU sehr weit verbreitet, in D häufig.

Acker-Gänsedistel

Sonchus arvensis · Fam. Korbblütengewächse

Großblumige Pflanze mit im oberen Teil drüsigem Stängel. ✿ Jul–Okt

Mehrjährig, 50–120 cm hoch; **Blätter** wechselständig, tief buchtig, stachelig gezähnt; **Blüten**körbchen nur mit Zungenblüten, gelb, 3–4,5 cm breit, in lockerer Doldenrispe, nur bei sonnigem Wetter geöffnet.
Vorkommen Äcker, Gärten, Wegränder, Schuttplätze und Dünen. In EU fast überall verbreitet.

Golddistel

Carlina vulgaris · Fam. Korbblütengewächse

Distel trockener Standorte; Stängel starr, stachelig. ✿ Jul–Sep

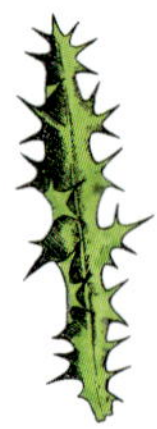

Meist zweijährig, 20–70 cm hoch; **Blätter** wechselständig, ungeteilt oder schwach gelappt, stachelig; **Blüten**körbchen etwa 2,5–4 cm breit, mit braungelben Röhrenblüten, äußere Hüllblätter strohgelb.
Vorkommen Trockenrasen, lichte Wälder; meist auf Kalk. In EU weit verbreitet; in D nur zerstreut.

Löwenzahn, Kuhblume

Taraxacum officinale · Fam. Korbblütengew.

Formenreiche Pflanze ohne Stängel und mit weißem Milchsaft. ✿ Apr–Jun

Mehrjährig; **Blätter** alle in grundständiger Rosette, gelappt, grob gesägt, fiederspaltig oder gezähnt, kahl; **Blüten**körbchen 3–6 cm breit, auf 10–50 cm hohem, rötlichem, hohlem Schaft, gelb.
Vorkommen Fettwiesen, Weiden, Wegränder, Äcker, lichte Wälder, alpine Matten. Überall sehr häufig.

Rauer Löwenzahn

Leontodon hispidus · Fam. Korbblütengew.

Stängel unverzweigt und schwach behaart, blattlos. ✿ Jul–Sep

Mehrjährig, 10–50 cm hoch; **Blätter** in grundständiger Rosette, buchtig bis fiederteilig, kahl oder wenig behaart; **Blüten**körbchen einzeln endständig, gelb, 2,5–3,5 cm breit, vor dem Aufblühen nickend.
Vorkommen Nährstoffreiche Böden von Wiesen, Weiden, Parkrasen. In EU weit verbreitet.

Kohl-Gänsedistel

Dornige Gänsedistel

Acker-Gänsedistel

Golddistel

Löwenzahn, Kuhblume

Rauer Löwenzahn

Kohl-Kratzdistel

Cirsium oleraceum · Fam. Korbblütengew.

Üppige Feuchtgebietspflanze, Stängel kräftig und verzweigt. ✫ Jun–Sep

Mehrjährig, 30–150 cm hoch; **Blätter** weich, untere fiederspaltig, obere einfach, stachelig; **Blüten**körbchen mit bleichen Hochblättern, 3–4 cm breit, nur Röhrenblüten.
Vorkommen Nasswiesen, Bachufer, Auen, Gräben. Vor allem in M.-EU verbreitet.

Kleinköpfiger Pippau

Crepis capilaris · Fam. Korbblütengewächse

Mitunter aufsteigender, ab der Mitte verzweigter Stängel. ✫ Jun–Aug (Okt)

Einjährig, 10–90 cm; im Blütenstand wenig und kurz weiß behaart, dazwischen einzelne gelbe Haare; **Blätter** schmal oval bis lanzettlich, tief buchtig gezähnt, die untersten verschmälern sich in einen schmalen Blattstielflügel; **Blüten**köpfchen 1,5–2,5 cm breit; alle Blüten zungenförmig, zwittrig, außen leicht rötlich überlaufen.
Vorkommen Wiesen, Rasen, Brachen, Wegränder. In EU weit verbreitet, in D vor allem in wintermilden Lagen.

Wiesen-Pippau

Crepis biennis · Familie Korbblütengewächse

Große, auffällige Wiesenpflanze mit kantigem, verzweigtem Stängel, mit Milchsaft. ✫ Mai–Sep

Zweijährig, 30–120 cm hoch; **Blätter** buchtig gezähnt bis fiederteilig, am Grund schmäler; **Blüten**körbchen 2–3,5 cm breit, nur Zungenblüten, in Rispen, Hülle behaart.
Vorkommen Fettwiesen, Weiden, Wegränder, Äcker. Überall in D wie in ganz EU verbreitet.

Wiesen-Bocksbart

Tragopogon pratensis · Fam. Korbblütengew.

Formenreiche, besonders großblumige Wiesenpflanze. ✫ Mai–Aug

Ein- bis mehrjährig, 30–70 cm hoch; **Blätter** bläulich grün, glattrandig, schmal lanzettlich, kahl; **Blüten**körbchen 3,5–5 cm breit, flach, nur mit gelben Zungenblüten, die nur vormittags aufblühen.
Vorkommen Fettwiesen, Brachen. In EU weit verbreitet; in manchen Gegenden von D nur zerstreut.

Rainkohl

Lapsana communis · Fam. Korbblütengew.

Kleiner bis mittelgroßer Kulturbegleiter mit reichlich Milchsaft. ✫ Mai–Sep

Einjährig, 30–120 cm hoch; **Blätter** gestielt, buchtig bis fiederteilig, großer Endlappen; **Blüten**körbchen 1,5–2 cm breit, wenige Zungenblüten, in lockeren Rispen; nur vormittags geöffnet.
Vorkommen Äcker, Brachflächen, Gärten, Gebüsche, Säume. In D wie fast in ganz EU häufig.

Mauerlattich

Mycelis muralis · Fam. Korbblütengewächse

Pflanze schattiger Standorte; Stängel aufrecht, rundlich, im oberen Teil verzweigt. ✫ Jul–Sep

Mehrjährig, 25–150 cm hoch, alle Teile mit Milchsaft; **Blätter** buchtig fiederteilig mit eckigen End- und Seitenlappen; **Blüten**körbchen um 1,5 cm breit, nur mit 5 (7) blassgelben Zungenblüten.
Vorkommen Feuchte Mischwälder, Gebüsche, Mauern. Überall häufig.

Kohl-Kratzdistel

Kleinköpfiger Pippau

Wiesen-Pippau

Wiesen-Bocksbart

Rainkohl

Mauerlattich

Wald-Habichtskraut

Hieracium sylvaticum · Fam. Korbblütengew.

Waldpflanze; Stängel aufrecht, ganz ohne oder höchstens unten mit 1–2 kleinen Blättern. ✿ Mai–Sep

Mehrjährig, 20–50 cm hoch; Grund**blätter** in Rosette, länglich oval; **Blüten**körbchen 2,5–3 cm breit, nur mit Zungenblüten, zu mehreren in Doldenrispe.
Vorkommen Laub- und Mischwälder, Gebüsche, schattige Mauern. In EU fast überall häufig; im Gebiet weitere ähnliche Arten.

Kleines Habichtskraut

Hieracium pilosella · Fam. Korbblütengew.

Leicht erkennbare Offenlandpflanze mit langen Ausläufern, Blätter allesamt in grundständiger Rosette. ✿ Mai–Okt

Mehrjährig, 5–20 cm hoch; **Blätter** oberseits langhaarig, unterseits graufilzig behaart, mit Milchsaft; **Blüten**körbchen 2–3 cm breit, Zungenblüten außen oft rot gestreift.
Vorkommen Trockenrasen, Mauern, Felsfluren, Wegränder. In D wie in ganz EU überall häufig.

Wiesen-Gelbstern

Gagea pratensis · Familie Liliengewächse

Frühblüher ohne Stängel; meist nur 1 grundständiges, gekieltes und bewimpertes Blatt. ✿ Mär–Apr

Mehrjährig, 5–20 cm hoch; **Blatt** 4 mm breit, an der Basis oft rötlich; **Blüten** lang gestielt, 2–3 cm breit, mit 6 außen grünlichen Blütenblättern.
Vorkommen Äcker, Wiesen, Gebüsche; meist auf lockerem Lehm- und Lössboden. In M.-EU zerstreut; in D relativ selten.

Wilde Tulpe

Tulipa sylvestris · Familie Liliengewächse

Mehrjährige, sehr attraktive Zwiebelpflanze auf Weinbergen. ✿ Apr–Mai

Pflanze 30–60 cm hoch; **Blätter** schmal lanzettlich, graugrün, flach, 1–2 cm breit und bis 30 cm lang; **Blüten** einzeln endständig, groß, bis 5 cm lang, Blütenblätter spitz, die inneren an der Basis behaart.
Vorkommen Gebüsche, Hecken, (aufgelassene) Weinberge; auf lockeren, warmen, mäßig nährstoffreichen Böden; früher auch häufiger Zierpflanze, daher als Relikt in Gärten. M.- und S-EU; in D selten, durch Herbizideinsätze stark gefährdet. §

Beinbrech, Moorlilie

Narthecium ossifragum · Fam. Beinbrechgew.

Eher unauffällige Moorpflanze mit kriechendem Wurzelstock. ✿ Jul–Aug

Mehrjährig, 10–30 cm hoch; **Blätter** überwiegend grundständig, grasartig, etwas gebogen; **Blüten** bis 1,5 cm breit, in lockerer Traube, außen grünlich, Staubblätter wollig behaart.
Vorkommen Nasswiesen, Feuchtheiden, Moore. W- und NW-EU; atlantische Art, in D nur bis in nördliche Mittelgebirge. §

Gelbe Narzisse

Narcissus pseudonarcissus · F Narzissengew.

Wiesen- oder Waldsaumpflanze, Blätter grundständig, blaugrün. ✿ Mär–Apr

Mehrjährig, 15–40 cm hoch, **Blätter** 1–2 cm breit, rinnig; **Blüten** einzeln, 5–7 cm breit, Blütenblätter röhrig verwachsen, Nebenkrone kraus.
Vorkommen Feuchtwiesen, Waldränder, Auen. W.-EU; in D nur in den nordwestlichen Mittelgebirgen (Eifel, Hunsrück); im S bis in 2000 m Höhe. §

Wald-Habichtskraut

Kleines Habichtskraut

Wiesen-Gelbstern

Wilde Tulpe

Beinbrech, Moorlilie

Gelbe Narzisse

Sumpf-Schwertlilie, Gelbe Schwertlilie

Iris pseudacorus · Familie Schwertliliengewächse

50–150 cm hohe Sumpf- oder Uferpflanze mit aufrechtem Stängel und großen, leuchtend gelben Blüten. ✰ Mai–Jul

Mehrjährige Rhizompflanze; **Blätter** zweizeilig gestellt, bis zu 90 cm lang, 1–3 cm breit, grün, mit deutlicher Mittelrippe (Name: Schwertllie!) und beidseits scharf 2-schneidig; **Blüten** bis zu 10 cm breit und hoch, nicht bärtig, die äußeren Blütenblätter dunkler geädert und deutlich größer als die inneren. Aus dem unterständigen Fruchtknoten bildet sich eine 3-fächerige Kapsel (kleines Foto), in der die abgeflachten, bräunlichen Samen geldrollenartig gestapelt sind. Die Samen sind schwimmfähig und werden auch durch Wasservögel ausgebreitet. Alle Teile enthalten scharf schmeckende Giftstoffe, die auch für Weidetiere gefährlich sind.

Vorkommen Gräben, Sümpfe, Ufer, Röhrichte an stehenden und langsamen fließenden Gewässern. In EU außer in den Hochgebirgen weit verbreitet; in D stellenweise häufig. §

Wissenswert! Die ausgesprochen auffällige Blüte ist so konstruiert, dass sie wie 3 getrennte Einzelblüten wirkt und auch so von den sie besuchenden Insekten bestäubt wird. Die Blütenhülle besteht aus 3 inneren schmalen und 3 äußeren breiten, herabgebogenen Perigonblättern mit bräunlichen Strichmalen. In der Blütenmitte finden sich 3 stark vergrößerte, kronblattartig aussehende Griffeläste mit einer lippenartigen Schuppe, auf der der Pollen bei der Bestäubung abgelegt werden muss. Da die Perigonblätter an der Basis verwachsen sind, bilden sie eine enge Röhre, in der der Nektar angeboten wird. Er ist nur langrüsseligen Insekten zugänglich.

Frauenschuh

Cypripedium calceolus · Familie Knabenkrautgewächse

20–70 cm hoch; bekannteste und attraktivste der heimischen Orchideen; Stängel aufrecht, rund, wenig beblättert und behaart. ✰ Mai–Jun

Mehrjährig; **Blätter** wechselständig, breit oval, glattrandig, kahl, spitz; **Blüten** zu 1–4, der zentrale Teil als gelbe, aufgeblähte, bis zu 4 cm breite Lippe mit schwachen Längsstreifen ausgebildet, die äußeren Blütenblätter braunviolett bis rotbraun, schmal, meist etwas verdreht; Gesamtdurchmesser der Blüte bis zu 8 cm und damit eine der größten Blüten heimischer Wildpflanzen. Die **Frucht** ist eine 1-fächerige Trockenkapsel. Die Samen sind nur staubkorngroß und erreichen Flugweiten von über 10 km.

Vorkommen Lichte Laubwälder, Gebüsche; bevorzugt auf kalkreichem Lockerboden. Vor allem in M.-EU, fehlt im Mittelmeerraum weitgehend; in D von der Mittelgebirgsregion südwärts nur zerstreut. §

Wissenswert! Der große, schuhförmige Lippenteil ist von der Anlage her das obere innere Blütenhüllblatt. Während der Blütenöffnung dreht sich der Blütenstiel um 180° und rückt die Lippe in die passende Position. Dieser Blütenteil wirkt als Insektenkesselfalle: Die Blütenbesucher, vor allem Bienen, dringen durch die Schuhöffnung auf der Oberseite ein oder stürzen ab. Ein Entkommen ist wegen der glatten Innenwände des Lippenteils nicht möglich. Die vorübergehend Inhaftierten können nur an den Narben und verwachsenen Staubgefäßen vorbei zu einer durchsichtigen, fensterartigen Stelle an der Rückseite, die eine Öffnung vortäuscht. Zuerst berühren die hereingelegten Bestäuber die Narbe und deponieren dort den mitgebrachten Pollen, ehe sie sich dann eine der beiden klebrigen Pollenmassen erneut aufladen.

Sumpf-Schwertlilie, Gelbe Schwertlilie

Frauenschuh

Sommer-Adonisröschen

Adonis aestivalis · Familie Hahnenfußgew.

25–50 cm hoch, mit kahlem, wenig verzweigtem Stängel. ✫ Mai–Jun

Einjährig; **Blätter** mehrfach gefiedert mit schmalen Endzipfeln; **Blüten** 1–3 cm breit, 5–8 scharlachrote (selten blassgelbe) Kronblätter, im Zentrum dunkel.

Vorkommen Getreidefelder und Hackfruchtäcker in den Kalkgebieten. Südöstliches EU; in D an der NW-Grenze der Verbreitung, fehlt im nördl. Tiefland. §

Wissenswert! Giftig! Das dunkle Farbmal leitet Insekten nach dem Zielscheiben-Prinzip zum reichlich vorhandenen Pollen.

Akeleiblättrige Wiesenraute

Thalictrum aquilegifolium · Fam. Hahnenf.g.

Bis 120 cm hoch, mit mehrfach gefiederten Blättern. ✫ Mai–Jul

Mehrjährig; **Blätter** gestielt, stark zerteilt; **Blüten** in endständigen Rispen, Kelch und Krone fallen früh ab, Staubblätter hellviolett und keulig verdickt.

Vorkommen Auenwälder, Hochstaudenfluren, Gebüsche, überwiegend auf Kalk. Südliches und östliches M.-EU.

Klatsch-Mohn

Papaver rhoeas · Familie Mohngewächse

Borstig und abstehend behaarter Stängel und feuerrote Blüten. ✫ Mai–Jul

Kapsel

Einjährig, 30–80 cm hoch; **Blätter** wechselständig, fiederteilig bis gefiedert; **Blüten** endständig, bis zu 8 cm breit, am Grund oft mit dunklen Flecken, Kelchblätter fallen frühzeitig ab; **Frucht** eine breit eiförmige Kapsel (Zeichnung).

Vorkommen Wegränder, Gärten, Ackerland, Schuttstellen; vorzugsweise auf nährstoffreichen Böden. S- und M.-EU; in D überall ziemlich häufig.

Sand-Mohn

Papaver argemone · Familie Mohngewächse

10–40 cm hoch, dunkelrot, Samenkapsel viel länger als breit. ✫ Mai–Jul

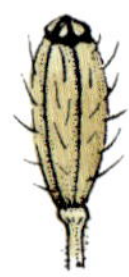

Kapsel

Einjährig, Stängel borstig behaart; **Blätter** mehrfach gefiedert; **Blüten** lang gestielt, bis 5 cm breit, Kronblätter berühren sich meist nicht, Pollensäcke nach oben keulig verdickt, Samenkapsel borstig behaart, deutlich gerippt.

Standort Wegränder, Äcker, Brachland.

Verbreitung Ursprünglich im Mittelmeergebiet; in D regional verbreitet bis selten.

Bastard-Mohn

Papaver hybridum · Familie Mohngewächse

20–60 cm hoch, dem Klatsch-M. ähnlich, Stängel steif behaart. ✫ Mai–Jul

Kapsel

Einjährig; **Blätter** mehrfach gefiedert; **Blüten** 2,5–4,5 cm breit, ziegel- bis weinrot, mittig oft mit schwarzem Fleck, Pollensäcke oben nicht verdickt; Kapsel eiförmig, mit gelblichen Borsten.

Vorkommen Sandige Getreideäcker, Brachen, Schuttstellen. M.- und S-EU; in D wegen Herbizideinsatz selten.

Schlaf-Mohn

Papaver somniferum · Fam. Mohngewächse

Kräftig, 40–120 cm hoch, recht große, blaugrün bereifte Blätter. ✫ Jun–Aug

Kapsel

Einjährig, meist kahl; **Blätter** bis 12 cm lang, tief eingeschnitten; **Blüten** bis 10 cm breit, violett, rosa oder weiß; Kapsel bis 5 cm lang. Alle Teile giftig.

Vorkommen Wegränder, Brachland, oft aus Anbau (Ölpflanze) verwildert. Stammt vermutlich aus dem Mittelmeerraum; gelegentlich in Gärten.

Sommer-Adonisröschen

Akeleiblättrige Wiesenraute

Klatsch-Mohn

Sand-Mohn

Bastard-Mohn

Schlaf-Mohn

Hohler Lerchensporn

Corydalis cava · Familie Mohngewächse

Frühblüher, Blätter doppelt 3-zählig, Blüten weiß oder purpurn. ✩ Mär–Mai

Mehrjährig, bis 20 cm hoch; **Blätter** bläulich grün; **Blüten** zu 10–20 in Traube, selten gelblich, mit Sporn, Hochblätter bei den Blüten ungeteilt.

Vorkommen Humusreiche Laub- und Auenwälder. In M.- und S-EU weit verbreitet, im nordwestlichen D selten, nach S zu häufiger.

Gefingerter Lerchensporn

Corydalis solida · Familie Mohngewächse

Dem Hohlen L. ähnlich, Hochblätter jedoch fingerförmig geteilt. ✩ Mär–Mai

Mehrjährig, 15–30 cm hoch; **Blätter** ähnlich wie beim Hohlen L.; **Blüten** in Traube, kräftig purpurn, selten hellrot oder weiß, mit Sporn. Insgesamt zierlicher als der Hohle L.

Vorkommen Gebüsche, Hecken, Auenwälder. In M.-EU weit verbreitet, in N-EU meist nur eingebürgert.

Gewöhnlicher Erdrauch

Fumaria officinalis · Familie Erdrauchgew.

10–30 cm hoch, zartere, bläulich grüne Pflanze, Stängel ästig. ✩ Apr–Okt

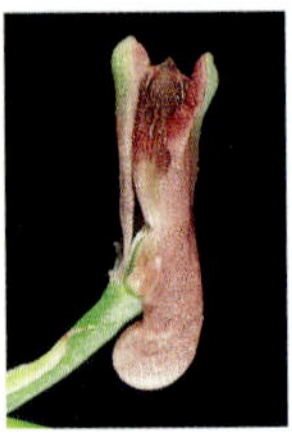

Einjährig; **Blätter** doppelt gefiedert; **Blüten** zu 20–40 in Trauben, Kronen dunkelrot mit grünem Kiel, gespornt, 6–8 mm lang. Schwach giftig.

Vorkommen Lehmige Hackfruchtäcker, Wegsäume, Schuttstellen. In EU außer im hohen N weit verbreitet; in D überall häufig.

Haselwurz

Asarum europaeum · Fam. Osterluzeigew.

5–10 cm hoch, Stängel dick und behaart, Blätter wintergrün. ✩ Mär–Apr

Mehrjährig; **Blätter** nierenförmig, glänzend; **Blüten** urnenförmig, außen bräunlich, innen purpurn, Kelch 3-zipfelig. Schwach giftig, früher Heilpflanze.

Vorkommen Laub- und Mischwälder, Auen, vorzugsweise auf Kalkböden. In M.- und O-EU weit verbreitet; fehlt in D westlich des Rheins.

Aufrechtes Glaskraut

Parietaria officinalis · Fam. Brennnesselgew.

Bis 90 cm hoch, ohne Brennhaare, Blüten unscheinbar. ✩ Jun–Okt

Mehrjährig, Stängel brüchig; **Blätter** gestielt, eiförmig, 3–12 cm lang; **Blüten** eingeschlechtig ♀ oder zwittrig, büschelig.

Vorkommen Sonnige Mauern, Auenwälder. S- und SW-EU, in D in den Wärmegebieten eingebürgert. Mit Ausnahme der Flusstäler selten.

Gewöhnliches Seifenkraut

Saponaria officinalis · Fam. Nelkengewächse

Stängel liegend bis aufrecht, große, rosafarbene Blüten. ✩ Jul–Sep

Mehrjährige, kräftige Pflanze, bis 60 cm hoch; **Blätter** gegenständig, lanzettlich bis breit elliptisch, 5–10 cm lang; **Blüten** zahlreich in endständigen Büscheln, bis 3 cm breit, Kronblätter weißlich oder leicht rosa.

Vorkommen Brachland, Wegränder, Flussauen, Ufer, Kiesbänke. M.- und S-EU.

Hohler Lerchensporn

Gefingerter Lerchensporn

Gewöhnlicher Erdrauch

Haselwurz

Aufrechtes Glaskraut

Gewöhnliches Seifenkraut

Kartäuser-Nelke

Dianthus carthusianorum · Fam. Nelkengew.

Staude trockener Standorte, Stängel fest, Krone gezähnt. ✰ Jun–Sep

Mehrjährig, bis 50 cm hoch, Stängel, erst im Blütenstand kurzästig; **Blätter** an der Basis verwachsen; **Blüten** bis 2,5 cm breit und 2–3 cm lang, zu 5–10 in Büscheln, mit schuppigen Hochblättern, Kronblätter gezähnt.
Vorkommen Trockengebüsche, Halbtrockenrasen, Böschungen. M.-EU.

Heide-Nelke

Dianthus deltoides · Fam. Nelkengewächse

Der Kartäuser-Nelke ähnlich, mit kurz behaartem Stängel und weiß gefleckten Blüten. ✰ Jun–Sep

Mehrjährig; Stängel bis zu 40 cm hoch; **Blätter** am Rand rau; **Blüten** lang gestielt, bis zu 1,8 cm breit, Außenkelch aus 2 bräunlichen Schuppen, Kronblätter gezähnt, mit weißen Flecken.
Vorkommen Trockenwiesen, Magerrasen, Heiden, Sandböden. In D zerstreut bis selten.

Raue Nelke, Büschel-Nelke

Dianthus armeria · Fam. Nelkengewächse

Kleinblütige Nelke mit verzweigtem, rau behaartem Stängel. ✰ Jun–Jul

Zweijährig; bis 60 cm hoch; **Blätter** schmal lanzettlich, rau behaart; **Blüten** bis 1 cm breit, zu 2–10 kurz gestielt in Büscheln, purpurn, dunkler gepunktet, in der Mitte heller.
Vorkommen Waldsäume, Trockengebüsche, Magerrasen; meidet Kalkböden. In M.- und S-EU; fehlt im NW von D.

Pracht-Nelke

Dianthus superbus · Fam. Nelkengewächse

Recht auffällige Nelke mit großen, zerschlitzten Blüten. ✰ Jun–Sep

Mehrjährig, bis 60 cm hoch; **Blätter** linealisch-lanzettlich, frischgrün; **Blüten** bis zu 6 cm breit, rosa bis hellviolett, bis über die Mitte in schmale, unregelmäßige Zipfel zerschlitzt.
Vorkommen Heiden, Moorwiesen, lichte Wälder, im Gebirge bis in 2400 m Höhe. In M.-EU zerstreut; fehlt in D nördlich der Mainlinie.

Pfingst-Nelke

Dianthus gratianopolitanus · F. Nelkengew.

Auffällig blaugrüne Nelke mit großen, einzeln stehenden Blüten. ✰ Jun–Jul

Mehrjährig, in dichten Rasen; bis zu 25 cm hoch; **Blätter** spitz; **Blüten** lang gestielt, bis 2,5 cm breit, Kronblätter hellpurpurn bis rosa, unregelmäßig gezähnt.
Vorkommen Felsgebüsche, Trockenhänge, lichte Kiefernwälder, auf Kalk- und Silikatfels, wärmeliebend. M.-EU, jedoch selten; im NW bis zum Ahrtal. §

Kuckucks-Lichtnelke

Lychnis flos-cuculi · Fam. Nelkengewächse

Auffällige, meist sehr reichblütige Staude, Blüte feinzipfelig. ✰ Apr–Jun

Mehrjährig, etwa 30–80 cm hoch; grundständige **Blätter** spatelförmig, Stängelblätter linealisch; **Blüten** bis zu 4 cm breit, Kelch rötlich, Kronblätter fleischfarben, tief 4-spaltig.
Vorkommen Wiesen, Waldränder, Gräben, fehlt zumeist in Kalkgebieten. EU mit Ausnahme des S.

Kartäuser-Nelke

Heide-Nelke

Raue Nelke, Büschel-Nelke

Pracht-Nelke

Pfingst-Nelke

Kuckucks-Lichtnelke

Rote Lichtnelke

Silene dioica · Familie Nelkengewächse

Bis 1 m hoch, zahlreiche Blüten mit weißen Nebenkronen. ✿ Apr–Sep

Mehrjährig; **Blätter** gegenständig, eiförmig, behaart; **Blüten** zweihäusig, bis 2,5 cm breit. Blüht anders als die weißen Lichtnelken am Tag, wird von Hautflüglern, nicht von Nachtfaltern bestäubt. **Vorkommen** Gebüsche, Waldränder, Wiesen und Ufer. In EU fast überall häufig, fehlt im SO.

Kornrade

Agrostemma githago · Fam. Nelkengewächse

Bis 1 m hoch, Wildkraut mit großen, purpurroten Blüten. ✿ Jun–Sep

Einjährig, Stängel locker verzweigt; **Blätter** gegenständig, linealisch-lanzettlich, grau behaart; **Blüten** attraktiv, lang gestielt, bis 4 cm breit, Kronblätter von den Zipfeln der schmalen Kelchblätter überragt. **Vorkommen** Getreideäcker, Brachland, Wegränder, Säume. Selten.

Vogel-Knöterich

Polygonum aviculare · Fam. Knöterichgew.

Liegender oder wenig aufgerichteter, dunkel gestreifter Stängel. ✿ Jun–Okt

Einjährig, 10–50 cm lang, fest; **Blätter** sitzend, elliptisch, 1–3 cm lang, bis 7 mm breit; **Blüten** einzeln oder zu wenigen in den Blattachseln, rötlich-weißlich. **Vorkommen** Äcker, Gärten, Wege, Schuttstellen, Pflasterfugen, Schulhöfe, Sportplätze; typisch für sogenannte Trittvegetation. In ganz EU häufig.

Wiesen-Knöterich

Polygonum bistorta · Fam. Knöterichgew.

Auffällige und attraktive Pflanze in Feuchtwiesen und an Gräben, mit rosaroten Blütenständen. ✿ Mai–Jul

Blütenstand

Mehrjährig, 50–120 cm hoch; Grund**blätter** gestielt, länglich, Stängelblätter sitzend; **Blüten** zahlreich in dichter, walzenförmiger, bis zu 5 cm langer Scheinähre. **Vorkommen** Bach- und Grabenränder, Feucht- und Nasswiesen. M.-EU, jedoch fast nur im Bergland.

Wasser-Knöterich

Polygonum amphibium · Fam. Knöterichgew.

Wasserpflanze mit schlanken Scheinähren über Wasser. ✿ Jun–Sep

Mehrjährig, bis 70 cm hoch, im Wasser mit flutenden, an Land mit aufrechten Stängeln; Wasser**blätter** bis zu 15 cm lang, schmal oval, kahl, Landblätter bis 10 cm, lanzettlich und behaart; Scheinähren dicht. **Vorkommen** Stehende Gewässer, Röhrichte. Fast überall in EU verbreitet.

Floh-Knöterich

Polygonum persicaria · Fam. Knöterichgew.

Laubblätter mittig auf der Oberseite oft dunkel purpurn gefleckt. ✿ Jul–Okt

Einjährig, bis zu 75 cm hoch; Stängel verzweigt, liegend oder aufsteigend; **Blätter** mit borstig bewimperter Scheide, lanzettlich; **Blüten** in gestielter Scheinähre, rosa. **Vorkommen** Äcker, Gärten, Wegränder, Gräben, Brachland; Stickstoffzeiger. Fast überall in EU häufig.

Rote Lichtnelke

Kornrade

Vogel-Knöterich

Wiesen-Knöterich

Wasser-Knöterich

Floh-Knöterich

Strand-Grasnelke

Armeria maritima · Fam. Grasnelkengew.

Formenreich, grasartig, Blütenstände kopfig, bis 3 cm breit. ✿ Mai–Sep

Mehrjährig, in horstartigen Polstern; **Blätter** linealisch, lederig dicklich, in dichter Rosette; **Blüten**stand kopfig, auf blattlosem Schaft, bis 30 cm lang, Kronen trichterförmig.
Vorkommen Graudünen, Strandrasen und Salzwiesen, Klippen an der Küste. In EU weit verbreitet und häufig.

Strandflieder

Limonium vulgare · Fam. Grasnelkengew.

Aspektbildende Pflanze in Salzwiesen, mit violetten Blüten. ✿ Jul–Sep

Mehrjährig, bis etwa 50 cm hoch; **Blätter** alle in grundständiger Rosette, immergrün, lederig, oval, spatelig, 2–4 cm breit und 5–20 cm lang; **Blüten** in einseitswendiger Rispe, Kronen 3–8 mm lang.
Vorkommen Salz- und Wattwiesen. An der Nordsee zerstreut, an der Ostsee sehr selten. §

Meersenf

Cakile maritima · Fam. Kreuzblütengewächse

Typisch an Meeresküsten, stark verzweigt, reichblütig. ✿ Jul–Sep

Einjährig; aufrecht oder ausgebreitet, 10–40 cm hoch; **Blätter** 3–6 cm lang, dickfleischig (Salzsukkulent), die unteren doppelt fiederspaltig, die oberen ungeteilt, hellgrün; **Blüten** bis 1 cm breit, Kronen auch lila, selten weiß, in kopfiger Traube, duftend; Schote 1–2,5 cm lang, 2-teilig, gelblich, mit einzelnem Samen im oberen Teil.
Vorkommen Dünenvorland, Spülsäume, Weißdünen, Ruderalflächen. Europäische Küsten, häufig.

Zwiebel-Zahnwurz

Dentaria bulbifera · Fam. Kreuzblütengew.

40–70 cm hoch, mit Brutknospen in den Blattachseln. ✿ Apr–Mai

Mehrjährig; Stängel unverzweigt, aufrecht; **Blätter** unpaarig gefiedert, Fiedern gesägt, Blattachsel-Brutknospen dunkel (kleines Foto); **Blüten** bis 2,5 cm breit, Krone rosa bis violett.
Vorkommen Lichte, humusreiche Buchenwälder in Kalkgebieten. In M.-EU zerstreut; im N bis S-Skandinavien.

Wiesen-Schaumkraut

Cardamine pratensis · Fam. Kreuzblütengew.

Typische Wiesenpflanze, Stängel aufrecht, rund, unverzweigt. ✿ Apr–Mai

Mehrjährig, 20–40 cm hoch; Stängel an der Basis oft mit schaumigen Hüllen von Zikadenlarven (Name); Grund**blätter** rosettig, Stängelblätter wechselständig, schmal gefiedert; **Blüten** bis zu 2 cm breit, Kronblätter rosa oder hellviolett, selten weiß.
Vorkommen Wiesen, Weiden, Brachen, Böschungen. Überall in EU.

Mehl-Primel

Primula farinosa · Familie Primelgewächse

Zierliche, mehrjährige Pflanze, deren sämtliche Laubblätter in einer grundständigen Rosette stehen. ✿ Mai–Jul

Blätter 0,5–2 cm breit und 2–8 cm lang, Blattstiel leicht geflügelt, oberseits dunkelgrün, unterseits mehlig (Name); **Blüten** bis zu 1,5 cm breit, Kronen tief purpurrosa, selten weißlich, im Schlund gelb.
Vorkommen Feuchtwiesen, Niedermoore, Quellfluren. Skandinavien, Pyrenäen, Alpen, fehlt in D nördlich des Mains. §

Strand-Grasnelke

Strandflieder

Meersenf

Zwiebel-Zahnwurz

Wiesen-Schaumkraut

Mehl-Primel

Strand-Milchkraut

Glaux maritima · Familie Primelgewächse

5-25 cm hohe Salzpflanze mit meist ausgebreiteten, nur an den Enden aufsteigenden Stängeln und rötlichen Blüten. ✿ Mai–Aug

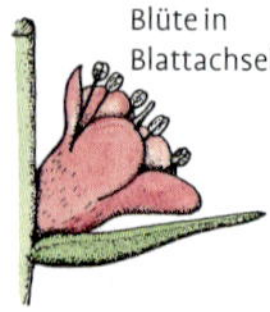

Mehrjährig; Stängel wurzeln mehrfach an den Blattknoten; **Blätter** gegenständig, sehr dicht stehend, glattrandig, elliptisch bis verkehrt eiförmig, um 1 cm lang, dicklich, dunkel graugrün, kahl; **Blüten** kurz gestielt, bis 6 mm breit, einzeln in den Blattachseln, Kronblätter fehlen, Kelch kronblattartig und weinrot, kräftig rosa oder weißlich, am Grund glockig verwachsen mit 5 freien Zipfeln.

Vorkommen Außendeichbereiche, Salz- und Wattwiesen. Küsten in NW- und N-EU von der Biskaya bis zur mittleren Ostsee, selten auch an Salzstellen im Binnenland; fehlt am Mittelmeer weitgehend.

Roter Gauchheil

Anagallis arvensis · Familie Primelgewächse

Kleine Wildkrautpflanze mit liegenden, nur an den Enden aufsteigenden Stängeln und ziegelroten, selten bläulichen Blüten. ✿ Jun–Okt

Einjährig; Stängel bis 30 cm lang, verzweigt; **Blätter** eiförmig, sitzend, 1,5–2 cm lang; **Blüten** lang gestielt, einzeln in den oberen Blattachseln.

Vorkommen Äcker, Brachen, Gärten, Wegränder, im Bergland bis in 1600 m Höhe. In EU fast überall verbreitet; in D im NW zerstreut, sonst häufig.

Ähnlich **Blauer Gauchheil** *Anagallis coerulea*, Blüten dunkelblau bis blauviolett mit rötlichem Schlundring; fehlt im Tiefland.

Weg-Malve, Käsepappel

Malva neglecta · Familie Malvengewächse

10–50 cm hoch, mit liegendem bis aufsteigendem Stängel und großen, hellrosa bis fast weißen Blüten. ✿ Jun–Sep

Ein- bis mehrjährig; **Blätter** lang gestielt, im Umriss rundlich, undeutlich handförmig mit 3–5 (–7) ungleich großen Lappen, leicht runzelig; **Blüten** gestielt, einzeln in den Blattachseln, Kronen auffällig, bis zu 2,5 cm breit, Kelchblätter nur halb so lang wie die Kronblätter; Stielchen der zahlreichen Staubblätter zur Röhre verwachsen.

Vorkommen Wegränder, Schuttstellen, Bahnanlagen, Mauern, Böschungen, Gärten; stickstoffhaltige, nährstoffreiche Böden (Zeigerpflanze). Fast überall in EU, in D stellenweise zerstreut, sonst häufig.

Wissenswert! Kommt auch mitten in Städten vor, hier sogar in Gehwegfugen.

Wilde Malve, Rosspappel

Malva sylvestris · Familie Malvengewächse

40–120 cm hoch, Stängel aufsteigend bis aufrecht, Blüten groß und rosa mit dunkleren Streifen. ✿ Jun–Sep

Ein- bis mehrjährig; Stängel verzweigt; **Blätter** gestielt, handförmig in 5–7 ungleich große Lappen geteilt, die oberen tief bis zur Basis eingeschnitten; **Blüten** gestielt, zu mehreren in den oberen Blattachseln; Kronen bis zu 4 cm breit, Kelchblätter nur etwa 1/4 so lang wie die Kronblätter, bis zur Mitte verwachsen.

Vorkommen Schuttstellen, Brachen, Wegränder, Böschungen, Mauern, Gärten; nährstoffreiche, trockene Böden. Fast überall in M.- und S-EU; in D im nordwestlichen Tiefland selten.

Wissenswert! Zusätzlich zum normalen Kelch haben Malvenblüten noch einen 3-gliedrigen, hellgrünen Außenkelch.

Strand-Milchkraut

Roter Gauchheil

Weg-Malve, Käsepappel

Wilde Malve, Rosspappel

Bach-Nelkenwurz

Geum rivale · Familie Rosengewächse

20–60 cm hoch, mit kaum verzweigtem Stängel und wenigen rötlichen Blüten in endständiger Traube. ✰ Apr–Jul

Mehrjährig; Stängel im oberen Teil drüsig behaart; Grund**blätter** abwechselnd mit großen und kleinen Fiedern sowie 3-teiliger Endfieder, grob gezähnt, Stängelblätter gelappt oder einfach; **Blüten** einzeln oder zu wenigen in der langstieligen Traube, glockig, bis zu 1,5 cm lang; Kronblätter innen blassgelb, außen dunkelrot geadert; Kelchblätter und Stiele bräunlich.

Vorkommen Feuchtwiesen, Niedermoore, Staudenfluren an Bächen, Feuchtwälder. N- und M.-EU; in D meist im Bergland.

Wissenswert! Hummeln beißen die Blütenglocken oft von hinten an, um Nektar zu klauen.

Großer Wiesenknopf

Sanguisorba officinalis · Familie Rosengew.

50–90 cm hohe Wiesenpflanze mit verzweigtem Stängel und dunkelroten, kopfigen Blütenständen. ✰ Jun–Sep

Mehrjährig; **Blätter** unpaarig gefiedert, Fiedern gezähnt, unterseits bläulich grün; **Blüten** zahlreich in 1–3 cm langen, eiförmigen Köpfchen; Kronblätter fehlen; windblütig.

Vorkommen Feucht- und Nasswiesen, Gräben, Ufer, Niedermoore, Bergwiesen bis in 1200 m Höhe. In M.-EU weit verbreitet.

Ähnlich **Kleiner Wiesenknopf** *Sanguisorba minor*, 20–70 cm hoch, Blattfiedern eher rundlich; Blüten unscheinbar grünlich rot.

Große Fetthenne

Sedum telephium · Fam. Dickblattgewächse

Bis 50 cm hohe, formenreiche, mehrjährige Pflanze mit aufrechten Stängeln und rötlichen Blüten. ✰ Jun–Sep

Blütenstand

Blätter 2–7 cm lang, dickfleischig, länglich oval, sitzend, wenig gezähnt oder glattrandig, grasgrün bis bläulich, stumpf oder leicht glänzend; **Blüten** 5–8 mm breit, blassgelb bis purpurrot, zahlreich in flachen bis halbkugeligen, dicht gedrängten Scheindolden.

Vorkommen Hecken, Gebüsche, lichte Wälder, Magerrasen, Mauern; sandige Böden; bis in 900 m Höhe. EU; in D zerstreut, im nordwestlichen Tiefland selten.

Wissenswert! Wird nach ihrer Blütenfarbe oft auch Purpur-Fetthenne genannt. Stellt in der Natur eine wertvolle Trachtpflanze für Hautflügler und Falter dar.

Saat-Luzerne

Medicago sativa · F. Schmetterlingsbl.gew.

30–90 cm hohe Wiesenpflanze mit verzweigtem, aufrechtem Stängel und den Blüten in kopfigen Trauben. ✰ Jun–Sep

Mehrjährig; **Blätter** 3-zählig gefiedert, Fiedern fein gezähnt, vorn mit Stachelspitze, Endfieder gestielt, die beiden übrigen ungestielt; **Blüten** bis zu 1,2 cm lang, zahlreich in gestielten Trauben in den Blattachseln, Kronen lila, violett oder violett-purpurn; **Hülse** schraubig gewunden.

Vorkommen Äcker, sonnige Wiesen, lichte Gebüsche, Böschungen, Wegränder, bis in mittlere Gebirgslagen. Stammt aus Vorderasien, in EU seit der Antike als Futterpflanze angebaut, vielfach verwildert.

Wissenswert! Bildet mit der rein gelb blühenden, sonst aber sehr ähnlichen **Sichel-Luzerne** *Medicago falcata* fruchtbare Bastarde, deren Blüten eigenartig mischfarbig violettgrün sind. Man findet diese häufig in Halbtrockenrasen, an sonnigen Wegrändern oder Säumen.

Bach-Nelkenwurz

Großer Wiesenknopf

Große Fetthenne

Saat-Luzerne

Wiesen-Klee, Rot-Klee

Trifolium pratense · Fam. Schmetterlingsbl.g.

Formenreich, mit aufsteigenden Stängeln und kräftigem Rhizom. ✰ Jun–Sep

Mehrjährig, seltener ein- oder zweijährig; **Blätter** lang gestielt, 3-zählig gefiedert, Fiedern oval, gefleckt; Endfieder kurz gestielt; **Blüten** rötlich, in 2–3 cm breiten Köpfchen, Kelch 10-nervig, behaart.

Vorkommen Weiden, Fettwiesen, Wegsäume. In EU weit verbreitet und häufig; als Futterpflanze angebaut.

Schweden-Klee

Trifolium hybridum · F. Schmetterlingsbl.g.

Formenreich, mit weißen, später rosa Blüten. ✰ Mai–Aug

Mehrjährig, 20–40 cm hoch; **Blätter** 3-zählig gefiedert, Fiedern breit oval; **Blüten** um 1 cm lang, in bis zu 2,5 cm langen Köpfen, Kelch 5-nervig. Ist kein Bastard zwischen Rot- und Weiß-Klee!

Vorkommen Fett- und Nasswiesen, Wegränder, Böschungen; auf nährstoffreichen Böden. In EU weit verbreitet; häufig mit anderen Klee-Arten angebaut.

Bunte Kronwicke

Securigera varia · Fam. Schmetterl.bl.gew.

Rankende Pflanze mit liegenden, bis über 1 m langen Stängeln. ✰ Mai–Sep

Mehrjährig; 11–25 Fieder**blättchen** bis 2 cm lang, nachts nach oben geklappt; **Blüten** 1,2 cm lang, zu 12–30 in Köpfen, Fahne rosa, Schiffchen und Flügel weißlich, Schiffchen mit violetter Spitze. Giftig!

Vorkommen Trockenrasen, Gebüsche, Säume, Böschungen; gerne auf Kalk. Vor allem in M.-EU.

Futter-Esparsette

Onobrychis viciifolia · Fam. Schmetterl.bl.g.

Attraktive Pflanze mit hellroten Blüten in langen Trauben. ✰ Mai–Jul

Mehrjährig, 30–70 cm hoch; Stängel verzweigt; **Blätter** unpaarig gefiedert, die 13–27 schmalen Fiedern mit kurzer Spitze; **Blüten** bis 1,5 cm lang, Kronen hellrot, dunkler geadert.

Vorkommen Trockenwiesen; auf Kalkböden. Stammt aus SO-EU, aus Futteranbau verwildert; in D zerstreut in den Wärmegebieten.

Diptam

Dictamnus albus · Fam. Rautengewächse

Meist sehr stattliche giftige Pflanze, Stängel drüsig behaart. ✰ Mai–Jun

Mehrjährig, bis über 1 m hoch; **Blätter** wechselständig, unpaarig gefiedert, duften aromatisch nach Zitrone; **Blüten** 2–3 cm breit, weißlich, purpurn bis violett geadert,

Vorkommen Lichte Trockenwälder, Felsfluren, Halbtrockenrasen; meist auf Kalk. S- und M.-EU; in D bis zum Mittelrhein. §

Blut-Weiderich

Lythrum salicaria · Fam. Weiderichgewächse

50–150 cm hoch, 4-kantiger, im oberen Teil behaarter Stängel. ✰ Jun–Sep

Mehrjährig, meist unverzweigt; **Blätter** gegenständig, seltener zu 3 in Wirteln, bis zu 10 cm lang, lanzettlich; **Blüten** attraktiv, um 2 cm breit, in dichter, endständiger Ähre, Krone weinrot bis purpurviolett.

Vorkommen Gräben, Ufer, Nasswiesen, Röhrichte, Bruchwälder. EU mit Ausnahme des hohen N.

Wiesen-Klee, Rot-Klee

Schweden-Klee

Bunte Kronwicke

Futter-Esparsette

Diptam

Blut-Weiderich

Drüsiges Springkraut

Impatiens glandulifera · F. Balsaminengew.

Bis 2,5 m hoch, Stängel kräftig, aufrecht, fleischig (kleines Bild), mit hängenden, rötlichen Blüten. ✩ Jun–Okt

Mehrjährig; **Blätter** 10–25 cm lang, gegenständig oder zu 3 wirtelig; eiförmig lanzettlich, scharf gezähnt, an den Zähnen und am Blattstiel mit zahlreichen, rötlichen Drüsen; **Blüten** 2,5–4 cm lang, hängen an langen Stielen in lockeren Trauben; Kronen mit kurzem Sporn. Reife Kapsel**früchte** rötlich grün, bis 3 cm lang, öffnen sich bei Berührung explosionsartig.

Vorkommen Bachbegleitende Gebüsche, Auenwälder, Brachen, Waldwege, Lichtungen; meist auf nährstoffreichen, feuchten Böden. In M.-EU weit verbreitet.

Wissenswert! Die Art stammt aus SW-Asien, ist aus Gartenkultur verwildert und hat sich vielerorts eingebürgert.

Schmalblättriges Weidenröschen *Epilobium angustifolium*

50–150 cm hoch, mit aufrechtem, unverzweigtem Stängel und langem Blütenstand mit purpurroten Blüten. ✩ Jun–Aug

Mehrjährig; **Blätter** wechselständig, im oberen Stängelteil oft angenähert gegenständig; kurz gestielt, Spreite schmal lanzettlich, 9–12 cm lang, spitz, oberseits dunkel-, unterseits bläulich grün, am Rand umgebogen; **Blüten** 2–3 cm breit, zahlreich in endständigen, lockeren Trauben, Kronen 4-zählig; **Kapseln** schlank.

Vorkommen Waldränder, Gebüsche, Böschungen, Brachflächen, Bahnschotter, Felsschutt. EU, meist sehr häufig.

Wissenswert! Wie auch bei den übrigen Weidenröschen enthalten die dünnen Samenkapseln eine enorme Zahl winziger Samen mit Flughaaren.

Kleinblütiges Weidenröschen

Epilobium parviflorum · F. Nachtkerzengew.

20–80 cm hoch, Stängel aufrecht, kurz behaart, im oberen Teil wenig ästig, Blüten tiefrosa bis violett. ✩ Jun–Sep

Mehrjährig; **Blätter** im unteren Stängelteil gegenständig, oben wechselständig, sehr kurz gestielt oder sitzend, lanzettlich, 1–2,5 cm breit und 4–7 cm lang, nicht mit der Basis den Stängel umfassend oder an ihm herablaufend, am Rand mit wenigen Drüsen; **Blüten** lang gestielt in den Achseln der oberen Blätter, 1–1,8 cm breit, Kronen zur Mitte hin dunkler, vorn herzförmig ausgerandet, etwas trichterförmig; Kapsel**früchte** schlank, lang, mit winzigen Flugsamen an weißen Haaren.

Vorkommen Gräben, Ufer, Bachauen, vernässte Waldwege, meist auf feuchten Lehm- oder Tonböden. In EU weit verbreitet und fast überall häufig, so auch in D.

Zottiges Weidenröschen

Epilobium hirsutum · Fam. Nachtkerzengew.

50–150 cm hoch, mit reich verzweigtem, aufrechtem, kräftigem, dicht behaartem Stängel und großen, roten Blüten. ✩ Jul–Aug

Mehrjährig; **Blätter** wechselständig bis angenähert gegenständig, sitzend, halb den Stängel umfassend oder mit der Basis leicht daran herablaufend, lanzettlich, 1–2 cm breit und 6–12 cm lang, scharf gesägt; **Blüten** 2–4 cm breit, lang gestielt in den Achseln der oberen Blätter, Kronen 4-zählig, Narben hellrosa, mit 4 weit ausgebreiteten Ästen.

Vorkommen Hochstaudenfluren an Gewässern; Nasswiesen, Auenwälder, Gräben, Ufer. In EU mit Ausnahme des N weit verbreitet; in D im nördlichen Tiefland zerstreut, in den Alpen bis in 1250 m Höhe.

Drüsiges Springkraut

Schmalblättriges Weidenröschen

Kleinblütiges Weidenröschen

Zottiges Weidenröschen

Stinkender Storchschnabel

Geranium robertianum · Fam. Storchschn.g.

Auch Ruprechtskraut genannt, Stängel meist karminrot, behaart. ✿ Mai–Okt

Einjährig, 10–50 cm hoch; **Blätter** 3- bis 5-zählig gefiedert, riechen zerrieben aromatisch bis unangenehm, richten sich zum Licht aus; **Blüten** 1–2 cm breit, 5-zählig, gestreift. **Vorkommen** Gebüsche, Zäune, Mauern, Wälder, auf nährstoffreichen Böden. In EU fast überall häufig.

Wald-Storchschnabel

Geranium sylvaticum · Fam. Storchschn.g.

30–60 cm hoch, mit behaartem Stängel und rötlich blauen Blüten. ✿ Jun–Jul

Mehrjährig; **Blätter** handförmig geteilt; **Blüten** bis 3,5 cm breit, Blütenstiele nach dem Abblühen aufrecht (Unterschied zum Wiesen-St.). **Vorkommen** Wald- und Gebüschsäume, Bergwiesen, Staudenfluren, Mischwälder. In EU weit verbreitet; in D vor allem im Bergland, sonst nur zerstreut.

Schlitzblättriger Storchschnabel *Geranium dissectum*

Bis 50 cm hoch, Stängel ästig, behaart Blüten kräftig rötlich. ✿ Mai–Okt

Einjährig; **Blatt**spreiten tief bis zur Basis geteilt, mit linealischen Abschnitten; **Blüten** meist zu 2 in den oberen Blattachseln, gestielt, etwa 1 cm breit. **Vorkommen** Wegränder, Äcker, Schuttstellen. Stammt aus dem Mittelmeergebiet; in EU weithin eingebürgert, in D nach S zu häufiger.

Weicher Storchschnabel

Geranium molle · Familie Storchschnabelgew.

Bis 30 cm hoch, reich verzweigt, weich und zottig behaart. ✿ Mai–Sep

Ein- bis zweijährig; **Blätter** im Umriss rundlich, bis zur Mitte tief 5- bis 9-teilig; **Blüten** gestielt, zu jeweils 2 in den oberen Blattachseln, bis 1,5 cm breit, Kronblätter tief ausgerandet. **Vorkommen** Wegränder, besonnte Mauern, Halbtrockenrasen, Schuttstellen. Fast überall in EU häufig.

Gewöhnlicher Reiherschnabel

Erodium cicutarium · Fam. Storchschnabelg.

Formenreiche Pflanze, meist liegende, rot überlaufene Stängel. ✿ Apr–Okt

Einjährig, 15–30 cm hoch; **Blätter** unpaarig gefiedert, Fiedern oval, tief fiederspaltig; **Blüten** zu 3–8 in offener Dolde, Kronen bis 2 cm breit, rotviolett oder rosa. **Vorkommen** Äcker, Wegränder, Brachflächen, Dünen, Trockenwiesen, Parkrasen. In EU weit verbreitet; in D eher zerstreut.

Feld-Enzian

Gentianella campestris · Fam. Enziangew.

Formenreiche Offenlandpflanze mit reichem Blütenstand. ✿ Mai–Okt

Zweijährig, bis 35 cm hoch; **Blätter** spatelförmig bis oval, 1–3 cm lang; **Blüten** bis 3 cm lang, Krone 4-zipfelig, im Schlund bärtig gefranst, selten auch weiß, Kelchzipfel sehr ungleich groß. **Vorkommen** Magerrasen, Trockenwiesen, Heiden, Gebüschsäume; oft auch auf Silikatböden. Fast überall in EU; in D von den Mittelgebirgen bis in die Alpen. §

Stinkender Storchschnabel

Wald-Storchschnabel

Schlitzblättriger Storchschnabel

Weicher Storchschnabel

Gewöhnlicher Reiherschnabel

Feld-Enzian

Echtes Tausendgüldenkraut

Centaurium erythraea · Familie Enziangew.

Kleine, meist wenig verzweigte Pflanze mit rosaroten Blüten. ✿ Jul–Sep

Zweijährig, 10–40 cm hoch; Rosetten**blätter** elliptisch eiförmig, Stängelblätter lanzettlich, gegenständig, 5-nervig; **Blüten** in lockerer Scheindolde, selten auch weiß.
Vorkommen Halbtrockenrasen, Waldränder, Gebüsche, vorzugsweise auf Kalk. Fast überall in EU verbreitet, in D jedoch meist nur zerstreut. §

Rote Spornblume

Centranthus ruber · Fam. Geißblattgew.

30–70 cm hoch, rosarote, selten weiße Blüten in Rispen. ✿ Mai–Jul

Mehrjährig; **Blätter** gegenständig, am Grund gestielt, am Stängel sitzend, bläulich grün; **Blüten** in dichten Rispen, Kronröhre eng, mit Sporn.
Vorkommen Felsspalten, Mauern, Steinschutt, Gärten. Stammt aus S- und W-EU; in D meist aus Gärten verwildert und teils eingebürgert.

Strand-Zaunwinde

Calystegia soldanella · Familie Windengew.

Großblumige, liegende Pflanze, Kronen rosa mit weißen Streifen. ✿ Jul–Aug

Mehrjährig, 10–50 cm lang; **Blätter**, rundlich nierenförmig, etwas fleischig; **Blüten** gestielt in den Blattachseln, Kronen bis 5 cm lang und breit.
Vorkommen Offene Weißdünen und Strandwälle. Mittelmeer- und Atlantikküste, an der Nordsee sehr selten. Fehlt im Bereich der Ostsee. §

Schöne Zaunwinde

Calystegia pulchra · Familie Windengewächse

Linkswindende Pflanze mit besonders großen Trichterblüten. ✿ Jun–Sep

Mehrjährig, 1–4 m; **Blätter**, gestielt, Blattstiele anfangs behaart, Spreite länglich herzförmig; **Blüten** gestielt, Krone bis 7 cm lang und 5,5 cm breit, rosa mit weißen Längsstreifen; Kelch mit 2 großen, blasig aufgetriebenen Vorblättern.
Vorkommen Gräben, Röhrichte, Auen; frische, nährstoffreiche Böden. Stammt vermutlich aus O-Asien, als Zierpfanze in EU stellenweise eingebürgert, in D vor allem im Küstenbereich. Auch in N-Amerika.

Acker-Winde

Convolvulus arvensis · Fam. Windengewächse

Großblumig, meist kriechend oder windend, blüht 1 Tag lang. ✿ Jun–Sep

Mehrjährig, 20–100 cm lang; **Blätter** pfeil- bis spießförmig; **Blüten** gestielt in den Blattachseln, Kronen 2,5–4 cm breit, mit weißen Streifen, Vorblätter unter dem Kelch klein.
Vorkommen Nährstoffreiche Äcker, Gärten, Weinberge, Brachen. Lehm- und Wärmezeiger. Lichtpflanze. Fast überall in EU; in D außerhalb der Gebirge häufig.

Wilde Karde

Dipsacus fullonum · Familie Geißblattgew.

Kräftig bestachelte Pflanze, Blüten ringweise aufblühend. ✿ Jul–Aug

Zweijährig, 80–180 cm hoch; Grund**blätter** rosettig, dunkelgrün, Stängelblätter gegenständig, an der Basis verwachsen, bilden eine kleine Zisterne; **Blüten** zahlreich in einer eiförmigen, dichten Ähre.
Vorkommen Brachen, Wegränder, Böschungen. M.- und S-EU, in D ziemlich zerstreut.

Echtes Tausendgüldenkraut

Rote Spornblume

Strand-Zaunwinde

Schöne Zaunwinde

Acker-Winde

Wilde Karde

Gewöhnlicher Beinwell

Symphytum officinale · Fam. Raublattgew.

Borstig rau behaart, Blüten in nickenden Scheindolden. ✿ Mai–Sep

Mehrjährig, 40–100 cm hoch; **Blätter** lanzettlich, die unteren bis zu 25 cm lang, die oberen kleiner und am Stängel herablaufend; **Blüten** cremeweiß, rötlich oder bläulich bis tiefviolett.

Vorkommen Wiesen, Ufer, Wegränder. Fast überall in EU verbreitet. Früher u. a. bei Knochenbrüchen und Wunden eingesetzt.

Echte Hundszunge

Cynoglossum officinale · Fam. Raublattgew.

Offenlandpflanze mit verzweigtem Stängel; alle Teile dicht dünn graufilzig behaart. ✿ Mai–Sep

Zweijährig, 30–80 cm hoch; **Blätter** wechselständig, bis zu 15 cm lang; **Blüten** in den oberen Blattachseln, Kronen 1–1,5 cm lang, bräunlich rot, später braunviolett.

Vorkommen Wegränder, Brachen, Böschungen; auf kalkarmen Lehm- bzw. Sandböden. In M.-EU weit verbreitet.

Tollkirsche

Atropa belladonna · Fam. Nachtschattengew.

60–180 cm hoch, strauchartig, Stängel stumpfkantig. ✿ Juni–Aug

Mehrjährig; **Blätter** breit lanzettlich, scheinbar gegenständig; **Blüten** in den oberen Blattachseln, glockig, 5-zipfelig, außen braunviolett, innen grünlich gelb; **Beere** kugelig, reif glänzend tiefschwarz. Giftig!

Vorkommen Waldränder, Lichtungen; nur auf nährstoffreichen Lehmböden. S- und M.-EU; fehlt in D im Tiefland.

Purpur-Königskerze

Verbascum phoeniceum · Fam. Braunwurzg.

30–90 cm hoch, im unteren Teil dicht wollig, oben drüsig behaart. ✿ Mai–Juli

Zweijährig; Grund**blätter** gestielt, 4–16 cm lang, eiförmig, weitbuchtig gezähnt, oberseits kahl, Stängelblätter sitzend, nicht am Stängel herablaufend; **Blüten** dunkelpurpurn.

Vorkommen Trockenrasen, Gebüsche, Säume; sonnige Lehmböden. S- und SO-EU; in D zerstreut in den östlichen Bundesländern; häufig als Zierpflanze.

Knotige Braunwurz

Scrophularia nodosa · Fam. Braunwurzgew.

Bis 120 cm hoch, unauffällige Blüten und kantiger Stängel. ✿ Mai–Aug

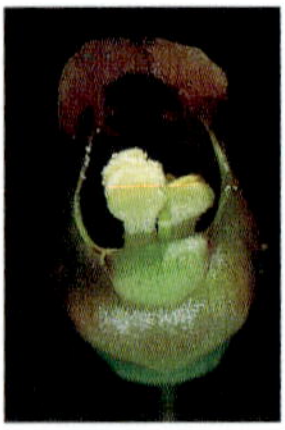

Mehrjährig; **Blätter** gegenständig, gestielt, oval, spitz, an der Basis herzförmig, grob gezähnt, kahl; **Blüten** in lockerer Rispe, Kronen 1 cm lang, an der Basis grünlich, vorn braunrot.

Vorkommen Krautreiche Wälder, Gebüsche, Staudenfluren. In EU weit verbreitet, in D fast überall häufig.

Roter Fingerhut

Digitalis purpurea · Fam. Wegerichgewächse

Stattliche Pflanze mit graufilzig behaartem Stängel. ✿ Jun–Aug

Zweijährig, bis 1,5 m hoch; Grund**blätter** gestielt, Stängelblätter sitzend; **Blüten** in einseitswendiger Traube, Kronen bis zu 5 cm lang, purpurrot, seltener rosa oder weiß. Giftig!

Vorkommen Kahlschläge, Waldränder, Lichtungen, Gebüsche; meidet Kalkböden. W- und S-EU, fehlt in den Alpen.

Gewöhnlicher Beinwell

Echte Hundszunge

Tollkirsche

Purpur-Königskerze

Knotige Braunwurz

Roter Fingerhut

Roter Zahntrost

Odontites rubra · Fam. Sommerwurzgew.

Bis 40 cm hohe, formenreiche Offenlandpflanze mit aufrechten, verzweigten Stängeln und trübroten Blüten. ✫ Jul–Sep

Einjährig; **Blätter** gegenständig, um 1 cm breit und 2–4 cm lang, schmal oval, grob gezähnt; **Blüten** in einseitswendigen, beblätterten Trauben, etwa 1 cm lang, Kronen 2-lippig, filzig behaart, Oberlippe helmförmig, Unterlippe gerade.

Vorkommen Lichtungen, Gebüsche, Weiden, Wege, Sandtrockenrasen, Äcker, Salzwiesen; vorzugsweise auf Tonböden. In M.-EU weit verbreitet; in D eher zerstreut.

Wissenswert! Gehört wie der Augentrost zu den Halbschmarotzern; mit den Wurzeln zapft er das Wurzelwerk seiner Wirtspflanze an, ernährt sich aber sonst mit seinen grünen Blättern völlig selbstständig. Da er der Wirtspflanze nur Wasser und die darin gelösten mineralischen Stoffe entnimmt, hält sich deren Schädigung in Grenzen.

Acker-Wachtelweizen

Melampyrum arvense · Fam. Sommerwurzg.

Bis 30 cm hohe Offenlandpflanze mit aufrechtem, wenig verzweigtem Stängel und dichtblütiger Ähre. ✫ Mai–Aug

Einjährig; **Blätter** gegenständig, schmal lanzettlich, die unteren glattrandig, zum Blütenstand hin mit Zähnen, die obersten purpurn überlaufen; **Blüten** zu mehreren in zylindrischer Ähre, Kronen etwa 2 cm lang, im Lippenbereich und an der Basis der Kronröhre purpurrot, sonst weißlich oder gelb, Oberlippe helmförmig gewölbt.

Vorkommen Äcker, Wegränder, Brachflächen, Halbtrockenrasen, Offenland; gern auf basen- und kalkreichem Boden. In EU weit verbreitet, in D fast nur in der Mittelgebirgsregion.

Wissenswert! Halbschmarotzer. Durch Veränderung der Anbaumethoden und Herbizideinsatz stark zurückgegangen.

Schuppenwurz

Lathraea squamaria · Fam. Sommerwurzgew.

10–25 cm hoch, eigenartig bleich, ohne Blattgrün, Stängel liegend, an den Enden aufsteigend, Blüten hellrosa bis weißlich violett. ✫ Mär–Mai

Mehrjährig; **Blätter** wechselständig, schuppenförmig, klein; **Blüten** in dichter, einseitswendiger, aufrechter Ähre, Krone röhrig, rund 1 cm lang, Unterlippe stets etwas heller.

Vorkommen Auenwälder, Ufergebüsche. In EU weit verbreitet; in D zerstreut.

Wissenswert! Die Schuppenwurz gehört zu den Vollparasiten und schmarotzt auf den Wurzeln von Haselsträuchern, Pappeln und Erlen. Als Vollparasit entnimmt sie mit besonderen Saugwurzeln ihrer jeweiligen Wirtspflanze sämtliche mineralischen und organischen Nährstoffe, die sie zum Wachstum benötigt.

Sumpf-Läusekraut

Pedicularis palustris · Fam. Sommerwurzgew.

30–50 cm hoch, Stängel aufrecht, kahl, Blüten hell- bis tiefprupurn, zu mehreren in kopfig gedrängten Ähren. ✫ Mai–Jun

Formenreich, zweijährig; **Blätter** wechselständig, sitzend, bis zur Mittelrippe tief fiederteilig, 2–4 cm lang, unbehaart; **Blüten**kronen bis zu 2,2 cm lang, Oberlippe charakteristisch sichelförmig gebogen, an der Spitze mit 2 stumpfen, abgewinkelten Zähnen, Kelch tief 2-teilig.

Vorkommen Nasswiesen, Feuchtheiden, Nieder- und Zwischenmoore. Vor allem in M.- und dem südlichen N-EU; in D nur in den Moorgebieten verbreitet, zumeist jedoch sehr selten. §

Wissenswert! Die Art ist ein Halbschmarotzer auf Riedgrasgewächsen.

Roter Zahntrost

Acker-Wachtelweizen

Schuppenwurz

Sumpf-Läusekraut

Echter Gamander, Edel-G.

Teucrium chamaedrys · Fam. Lippenblüteng.

15–30 cm hoch, mit unterirdischen Ausläufern und liegenden oder aufsteigenden Stängeln und rosa bis purpurnen Blüten. ✿ Jul–Sep

Mehrjährig, Stängel zottig behaart und an der Basis leicht verholzend; **Blätter** gegenständig, gestielt, Spreite 1–2,5 cm lang, breit oval, an der Basis keilförmig, am Rand grob gekerbt, auf der Unterseite mit stark hervortretenden Nerven, etwas lederig; **Blüten** zu jeweils 1–6 in den oberen Blattachseln, meist einseitswendig, Kronen bis zu 1,5 cm lang, ohne deutliche Oberlippe, Kelch abstehend behaart.

Vorkommen Trockenrasen, Felsgebüsche, lichte Wälder; bevorzugt auf Kalkböden. S- und M.-EU; in D fast überall ziemlich selten; auch als Gartenpflanze kultiviert.

Gefleckte Taubnessel

Lamium maculatum · Fam. Lippenblütengew.

Stängel kräftig, aufrecht, 4-kantig, Blüten tiefrosa bis purpurn, mit auffälligem Fleckenmuster. ✿ Apr–Sep

Mehrjährige Pflanze, Stängel unverzweigt; **Blätter** gegenständig, lang gestielt, breit oval, zugespitzt, grob rundlich gezähnt, meist mattgrün; **Blüten** zu 2–8 in Scheinquirlen in den oberen Blattachseln, bilden hier durch Laubblätter getrennte Etagen; Kronröhre aufgebogen, Oberlippe helmförmig, Unterlippe 3-zipfelig.

Vorkommen Wälder, Gebüsche, Hecken, Zäune, Gärten, Böschungen, Ufer; auf stickstoffreichen, nährstoffhaltigen, meist frischen Böden. Fast überall in EU häufig, im Bergland bis in 2000 m Höhe.

Wissenswert! Die Samen (Klausen) werden gewöhnlich von Ameisen verschleppt.

Rote Taubnessel

Lamium purpureum · Fam. Lippenblütengew.

15–30 cm hoch, Stängel 4-kantig, aufsteigend oder aufrecht, meist dunkelrot, Blüten tiefrosa bis purpur. ✿ Mär–Okt (Dez)

Einjährig; **Blätter** gegenständig, meist im oberen Stängeldrittel gehäuft, 1–1,5 cm breit und fast ebenso lang, runzelig, weichhaarig; **Blüten** in Scheinquirlen, Kronen 1–1,5 cm lang, Unterlippe dunkler gefärbt.

Vorkommen Äcker, Gärten, Weinberge, Brachen. In D wie fast überall in EU häufig.

Ähnlich **Stängelumfassende Taubnessel** *Lamium amplexicaule*, Stängelblätter rundlich, sitzend, Kronen schlank; in D selten.

Wald-Ziest

Stachys sylvatica · Fam. Lippenblütengew.

30–100 cm hohe Waldpflanze mit behaartem, aufrechtem, verzweigtem, hohlem Stängel und dunkel- bis weinroten Blüten. ✿ Jun–Jul

Mehrjährig; **Blätter** gegenständig, gestielt, die oberen sitzend, 4–9 cm lang, breit oval, grob gezähnt, mattgrün, kurz behaart, ähneln denen einer Brennnessel, duften beim Abstreifen unangenehm muffig; **Blüten** meist zu 6 in den Achseln der obersten Blätter, bilden zusammen mit diesen eine verlängerte Scheinähre, Kronen 1–1,3 cm lang, Oberlippe nur wenig gewölbt, Unterlippe 3-zipfelig mit helleren Flecken.

Vorkommen Waldwege, Lichtungen, Ufer, Säume, Gebüsche, Staudenfluren; meist auf feuchten, basenreichen, tiefgründigen Böden. In EU weit verbreitet; in D in der Mittelgebirgsregion häufig.

Echter Gamander, Edel-Gamander

Gefleckte Taubnessel

Rote Taubnessel

Wald-Ziest

Echter Ziest, Heil-Ziest

Stachys officinalis · Fam. Lippenblütengew.

20–70 cm hoch, mit aufrechtem, 4-kantigem, leicht borstig bis anliegend behaartem Stängel und tiefrosa bis hellpurpurnen Blüten. ✿ Jun–Aug

Mehrjährig; Stängel etwas rillig; Grund**blätter** in einer Rosette, Stängelblätter kreuzgegenständig, gestielt, nur unmittelbar unter dem Blütenstand fast sitzend, schmal oval, stumpf gekerbt; **Blüte** bis 1,5 cm lang; Oberlippe der Krone flach und leicht aufwärts gebogen, Unterlippe 3-lappig mit kleinen Seitenlappen; Kelch in 5 begrannte Zähne geteilt.

Vorkommen Bergwiesen, Heiden, Niedermoore, lichte Wälder, bevorzugt wechselfeuchte, nicht allzu nährstoffreiche und leicht saure Böden. In EU weit verbreitet, in D nur gebietsweise selten.

Wissenswert! Die früher sehr geschätzte Heilpflanze wird heute nur noch in der Homöopathie verwendet, gegen Erkältung, Asthma und Schwächezustände.

Acker-Minze

Mentha arvensis · Fam. Lippenblütengew.

10–40 cm hoch, Stängel aufrecht oder aufsteigend, Blüten rötlich. ✿ Jul–Sep

Mehrjährig; **Blätter** elliptisch bis oval, wenig gekerbt, beim Zerreiben angenehm aromatisch; **Blüten** in dichten, etagenartig angeordneten Scheinquirlen im oberen, mit einem Blattschopf endenden Stängelbereich, Kronen etwa 5 mm lang.

Vorkommen Gräben, nasses Brachland, Äckerränder, Wegsäume, Waldlichtungen. M.-EU; in D fast überall häufig.

Ähnlich **Wasser-Minze** *Mentha aquatica*, Blüten in Etagen mit endständigem Schopf, stark duftend.

Ross-Minze *Mentha longifolia* (Bild), Stängel zottig behaart, Blätter länglich, Blüten in langen, zylindrischen Blütenständen.

Echter Dost

Origanum vulgare · Fam. Lippenblütengew.

40–70 cm hoch, mit festem, aufrechtem Stängel und zahlreichen blassrosa Blüten in endständigen Doldenrispen. ✿ Jul–Sep

Mehrjährig, Stängel oft verzweigt; **Blätter** gegenständig, kurz gestielt, oval, behaart, glattrandig oder schwach gezähnt, Tragblätter im Bereich des Blütenstands meist rötlich überlaufen, duftet beim Abstreifen charakteristisch würzig nach Pizza; **Blüten**kronen um 6 mm lang, Oberlippe aufrecht, Unterlippe 3-zipfelig, Kelch purpurn.

Vorkommen Halbtrockenrasen, Wegränder, Dämme, Böschungen, Mauern. EU; in D in den Wärmeregionen häufig.

Wissenswert! Die auch als Wilder Majoran bezeichnete Art wird oft als Würzpflanze in Gärten kultiviert.

Wasserdost, Wasserhanf

Eupatorium cannabinum · Fam. Korbblüteng.

70–150 cm hoch, mit rundlichem, dicht behaartem, rötlichem Stängel und hellrosa Korbblüten. ✿ Jul–Sep

Mehrjährig, Stängel aufrecht, unverzweigt; **Blätter** fast gegenständig, kurz gestielt, handförmig 3- bis 5-teilig, die mittlere Fieder jeweils am größten, schmal lanzettlich, unregelmäßig grob gezähnt; **Blüten**körbchen recht klein, nur mit 4–6 Röhrenblüten, Zungenblüten fehlen, Kronen an der Basis weißlich, nach oben hin hellrosa.

Vorkommen Feuchte Wälder, Ufer, Auengebüsche, Hochstaudenfluren, Gräben. In EU weit verbreitet; in D häufig, meist in großen Beständen auftretend.

Wissenswert! Der Name Wasserhanf bezieht sich auf die Laubblätter, die denen des Hanfs ähneln.

Echter Ziest, Heil-Ziest

Acker-Minze

Echter Dost

Wasserdost, Wasserhanf

Rote Pestwurz

Petasites hybridus · Familie Korbblütengewächse

Stängellos, mit auffallend großen, sehr lang gestielten Blättern und pupurnen bis blassrosa Röhrenblüten. ✫ Feb–Apr

Mehrjährig: alle **Blätter** grundständig, erscheinen erst nach der Blütezeit, herz-nierenförmig, seicht gebuchtet, grob gezähnt, anfangs filzig behaart, später oberseits graugrün und nur noch unterseits auf den Hauptnerven weißfilzig, Spreiten bis zu 60 cm breit und 100 cm lang; **Blüten**körbchen 0,5–1 cm breit, zahlreich in dichter Traube auf dickem, bleichem Schaft mit rötlichen Schuppenblättern.

Vorkommen Gräben, Bachufer, Feuchtwälder, feuchtnasse Böden. M.- und S-EU; in D fast überall. Im Gebirge bis 1000 m.

Wissenswert! Die Blüten sind im Prinzip zwittrig, jedoch werden nur die Staubblätter oder nur die Fruchtknoten reif; die Röhrenblüten sind demnach funktionell zweihäusig. Weibliche Blütenstände meist klein, männliche mit bis zu 100 Einzelblüten.

Sumpf-Kratzdistel

Cirsium palustre · Fam. Korbblütengewächse

30–80 cm hoch, in Feuchtgebieten; Stängel stachelig geflügelt. ✫ Jul–Sep

Ein- oder zweijährig; **Blätter** fiederlappig, wie mit Spinnweben überzogen; **Blüten**körbchen endständig zu 2–8, 1,5 cm lang, purpurn.

Vorkommen Nasswiesen, Niedermoore, Gräben. In D wie in ganz EU weit verbreitet.

Ähnlich **Acker-K.** *(C. arvense)* fülligere Blätter, Blüten blasslila.

Gewöhnliche Kratzdistel

Cirsium vulgare · Fam. Korbblütengewächse

Im trockeneren Offenland, Stängel nur oben locker verzweigt. ✫ Jul–Sep

Zweijährig, kräftig, 60–120 cm hoch; Stängel durch herablaufende Blattränder stachelig kraus geflügelt; **Blätter** unterseits graufilzig, grob buchtig; **Blüten**körbchen kopfig, bis 4 cm breit und 8 cm lang, purpurn bis violettrot.

Vorkommen Brachen, Wegränder, Böschungen. Überall in EU verbreitet.

Krause Distel

Carduus crispus · Fam. Korbblütengewächse

50–120 cm hoch, im Offenland; Stängel kraus, stachelig geflügelt. ✫ Jun–Sep

Zweijährig; **Blätter** fiederspaltig, stachelig, unterseits filzig behaart; **Blüten**körbchen um 1,5 cm breit, zu 3–5 in kopfigen Rispen, hellrosa bis purpurn.

Vorkommen Auenwälder, Ufer, Gräben, Gebüsche, Wege. In M.-EU verbreitet; im N von D nur zerstreut, nach S hin häufiger.

Große Klette

Arctium lappa · Fam. Korbblütengewächse

50–150 cm hoch; Stängel von Grund an verzweigt, oft rötlich. ✫ Jul–Sep

bis zu 50 cm lang

Zweijährig; **Blätter** gestielt, herzförmig, unterseits filzig; **Blüten**körbchen 3–4 cm breit, rötlich.

Vorkommen Wegränder, Brachen, Schuttstellen. Fast überall in EU verbreitet.

Wissenswert! Kletten-Früchte werden durch Tiere verbreitet, an deren Fell oder Federn sie durch Widerhaken festhaften.

Rote Pestwurz

Sumpf-Kratzdistel

Gewöhnliche Kratzdistel

Krause Distel

Große Klette

Herbst-Zeitlose

Colchicum autumnale · Fam. Herbstzeitl.gew.

Krokusartig, glänzend grüne Blätter erscheinen im Frühsommer. ✿ Aug–Okt

Mehrjährig; **Blätter** breit lanzettlich, etwas fleischig; **Blüten** 3–5 cm lang mit bis zu 25 cm langer Röhre, lange vor dem Blattaustrieb; Kapsel**früchte** im Hochsommer. Stark giftig!

Vorkommen Feuchtwiesen, Hänge. M.-EU; in D stellenweise selten (geworden).

Schachblume

Fritillaria meleagris · Familie Liliengewächse

Tulpenähnlicher Frühblüher mit bläulich graugrünem Stängel. ✿ Apr–Mai

Mehrjährige Zwiebelpflanze, 20–30 cm hoch; **Blätter** schmal lanzettlich, graugrün; **Blüten** einzeln endständig, 3–4 cm lang, nickend, die 6 Blütenblätter schachbrettartig gescheckt, mitunter heller oder ganz weiß.

Vorkommen In Feuchtwiesen; Niedermoore, Gräben. In M.- und SO-EU sehr zerstreut. §

Gekielter Lauch

Allium carinatum · Familie Amaryllisgew.

30–60 cm hoch, schlanke Stängel, Blüten mit Brutzwiebeln. ✿ Jun–Jul

Mehrjährig; **Blätter** linealisch, 2–4 mm breit, flach, rinnig, gerippt, unterseits gekielt; **Blüten**stiele 4- bis 6-mal so lang wie diese, Staubblätter ragen aus der Blüte, Blüten zahlreich in Scheindolden, diese fast immer mit Brutzwiebeln.

Vorkommen Halbtrockenrasen, Moorwiesen. S- und M.-EU; in D nur zerstreut.

Türkenbund-Lilie

Lilium martagon · Familie Liliengewächse

Prächtige Wald(saum)pflanze mit dunkel gepunkteten Blüten. ✿ Jun–Aug

Mehrjährig, 30–100 cm hoch, Stängel, meist rotfleckig; **Blätter** bis zu 15 cm lang, in der Stängelmitte zu 5–9 quirlständig, sonst wechselständig, schmal oval, kahl; **Blüten** 3–6 cm breit, trübrosa, Blütenblätter zurückgekrümmt.

Vorkommen Tiefgründige, humose Böden in Laubwäldern; nur im Bergland auf Wiesen. Auch in Gartenkultur. M.- und SO-EU; in D zerstreut, fehlt im Norddeutschen Tiefland völlig. §

Sumpf-Siegwurz

Gladiolus palustris · Fam. Schwertliliengew.

Auffällige Sumpf- und Moorpflanze, Stängel mit 2–3 Blättern. ✿ Mai–Jul

Mehrjährig, 30–70 cm hoch; Grund**blätter** schmal, 4–9 mm breit; **Blüten** 3 cm lang, hellpurpurn, mit hellen und dunklen Längsstreifen auf den unteren Blütenblättern, zu 2–6 in einseitswendiger Ähre.

Vorkommen Nass- und Moorwiesen, Niedermoore; auf kalkhaltigem Boden. M.- und SO-EU; in D selten. §

Schwanenblume

Butomus umbellatus · Fam. Schwanenbl.gew.

Große Sumpf- und Uferpflanze, Stängel unverzweigt, blattlos. ✿ Jun–Aug

Mehrjährig, 50–180 cm hoch; **Blätter** grundständig, grasartig, bis zu 1 m lang, rinnig, 3-kantig; **Blüten** in Dolden, Blütenblätter 6, rosa, dunkler geadert, die 3 äußeren oft grünlich.

Vorkommen Röhrichte stehender oder langsam fließender Gewässer. In ganz M.-EU zerstreut bis selten.

Herbst-Zeitlose

Schachblume

Gekielter Lauch

Türkenbund-Lilie

Sumpf-Siegwurz

Schwanenblume

Geflecktes Knabenkraut

Dactylorhiza maculata · Fam. Knabenkrautg.

20–60 cm hoch, formenreich, Stängel oben manchmal rötlich. ✿ Jun–Aug

Mehrjährig; **Blätter** lanzettlich, bis 1,5 cm breit, meist dunkel gefleckt, am Stängelansatz scheidig; **Blüten** in anfangs pyramidaler, später walzenförmiger Ähre, 1–2 cm breit, Lippe dunkel gezeichnet, schwach 3-lappig.
Vorkommen Nass- und Bergwiesen, Gebüsche. In EU verbreitet; in D stellenweise häufig. §

Breitblättriges Knabenkraut

Dactylorhiza majalis · Familie Knabenkrautg.

Wiesenpflanze mit kräftigem, bis oben beblättertem Stängel. ✿ Mai–Jun

Mehrjährig, 20–60 cm hoch; **Blätter** breit lanzettlich, bis 18 cm lang, meist gefleckt, an Stängelmitte größer; **Blüten** zu 10–40 in einer Ähre, 1,2–2 cm breit, Lippe breit 3-lappig, Seitenlappen gezähnt, nach unten weisend, dunkler gezeichnet.
Vorkommen Nasswiesen, Gräben, Auenbereiche. In EU und D verbreitet. §

Fleischfarbenes Knabenkraut

Dactylorhiza incarnata · F. Knabenkrautgew.

20–60 cm hoch, Blätter reichen bis zur vielblütigen Ähre. ✿ Jun–Jul

Mehrjährig; **Blätter** fast immer ungefleckt, gefaltet, stehen am Stängel aufrecht, Blattspitze kapuzenartig; **Blüten** in einer dichten Ähre, 1,2–1,7 cm breit, fleischrot, selten auch gelblich, Lippe schwach 3-lappig, mit dunkleren Schleifenmustern.
Vorkommen Nasswiesen, Niedermoore. M.- und N-EU; in D zerstreut. §

Helm-Knabenkraut

Orchis militaris · Fam. Knabenkrautgewächse

Schlanke Wiesen- und Gebüschpflanze, Stängel schwach kantig. ✿ Mai–Jun

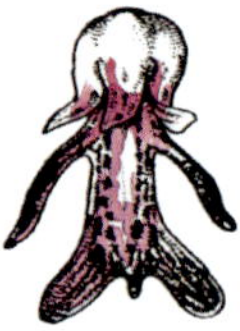

Mehrjährig, 30–50 cm hoch; **Blätter** in Rosette, aufgerichtet, bis zu 15 cm lang, länglich oval, glänzend; **Blüten** in dichter Ähre, außer der 3-lappigen, gepunkteten Lippe alle Blütenblätter zu einem Helm aufgebogen.
Vorkommen Trockenwiesen, Gebüsche, Wälder. M.- und S-EU; in D zerstreut. §

Purpur-Knabenkraut

Orchis purpurea · Familie Knabenkrautgew.

30–80 cm hoch, Stängel unbeblättert, meist einheitlich grün. ✿ Mai–Juni

Mehrjährig; **Blätter** länglich oval, glänzend, alle in Rosette; **Blüten** in dichter Ähre, 2–3 cm breit, die 5 obersten Blütenblätter neigen sich zu einem Helm zusammen, Mittellappen 2-teilig und 3-eckig.
Vorkommen Wälder und Gebüsche auf Kalkboden. S- und M.-EU; in D zerstreut. §

Stattliches Knabenkraut

Orchis mascula · Familie Knabenkrautgew.

20–50 cm hoch, Stängel blattlos, oben rötlich überlaufen. ✿ Mai–Jul

Mehrjährig; **Blätter** breit linealisch, mit feinen Punkten und Strichen oder gefleckt; **Blüten** in lockerer, bis 16 cm langer Ähre, um 2 cm breit, 2 Blütenblätter helmförmig, 3 abstehend, Lippe dunkel gepunktet.
Vorkommen Bergwiesen, lichte Wälder. S- und M.-EU; im südlichen D zerstreut. §

Geflecktes Knabenkraut

Breitblättriges Knabenkraut

Fleischfarbenes Knabenkraut

Helm-Knabenkraut

Purpur-Knabenkraut

Stattliches Knabenkraut

Breitblättrige Stendelwurz

Epipactis helleborine · Familie Knabenkrautg.

30–90 cm hoch, mit kräftigem, rundem, beblättertem Stängel und grünlichen bis leicht rötlich überlaufenen Blüten. ✿ Jun–Sep

Formenreich, mehrjährig; **Blätter** wechselständig, sitzend, breit oval, nach oben eher lanzettlich, zugespitzt, dunkelgrün, glattrandig, kahl; **Blüten** zu 20–70 in lockerer, verlängerter, bis zu 30 cm langer Ähre, 2–2,5 cm breit, ohne Sporn, Blütenblätter abstehend, eher unauffällig grünlich, meist jedoch leicht rötlich überlaufen, Lippe spitz herzförmig, rötlich oder leicht hellviolett.
Vorkommen Laubwälder, Gebüsche, Parkanlagen, Friedhöfe; verträgt Schatten. In EU weit verbreitet, in D die häufigste unter den heimischen Orchideen, gebietsweise jedoch fehlend. §

Braunrote Stendelwurz

Epipactis atrorubens · Familie Knabenkrautg.

20–70 cm hoch, mit behaartem, nur unten beblättertem Stängel und purpurroten bis braunvioletten Blüten in lockerer Ähre. ✿ Jun–Aug

Mehrjährig, Stängel mitunter rot überlaufen; **Blätter** grün, breit lanzettlich, zugespitzt, steif nach oben gefaltet und etwas abstehend; **Blüten** zu 3–20 in der bis 20 cm langen Ähre, etwa 1,5 cm breit, Lippe 2-gliedrig, herzförmig.
Vorkommen Lichte Wälder, Waldränder, Dünen im Küstenbereich; kalkhaltige Sand- und Lehmböden. M.- und S-EU, meist nur sehr zerstreut. §
Wissenswert! Nach ihrem (früheren) Vorkommen in Graudünen und dem charakteristischen Blütenduft nennt man diese Art auch Strandvanille.

Fliegen-Ragwurz

Ophrys insectifera · Fam. Knabenkrautgew.

20–40 cm hoch, Stängel aufrecht, unverzweigt, oben unbeblättert, Blüten rotbraun in lockerer Ähre. ✿ Mai–Jun

Mehrjährig, Stängel dünn; **Blätter** lanzettlich, leicht bläulich grün, nach oben hin kürzer und schmaler; **Blüten** zu 3–10 in der gestreckten Ähre, 5–8 mm breit, 1,2–1,8 cm lang, samtig, Unterlippe mit graublauem Fleck, äußere Blütenblätter grün.
Vorkommen Trockenrasen, Trockengebüsche; auf kalkhaltigem, lockerem Boden. M.-EU; in D selten. §
Wissenswert! Die Blüte gleicht einem Insekt und funktioniert als Weibchenattrappe: Die Lippe stellt den Insektenkörper dar, 2 der inneren Blütenblätter die Fühler. Zusätzlich gibt die Blüte Sexuallockstoff ab. Adressaten sind aber keine Fliegen, sondern männliche Hautflügler (kleines Bild).

Bienen-Ragwurz

Ophrys apifera · Fam. Knabenkrautgewächse

20–50 cm hoch, Stängel schmal, unverzweigt, wenig beblättert, Blüten rosa in einseitswendiger Ähre. ✿ Mai–Jul

Mehrjährig; **Blätter** lanzettlich, lang zugespitzt, die oberen umfassen den Stängel scheidig; **Blüten** fast so lang wie breit, äußere Hüllblätter oval, Lippe mit 2 gewölbten, außen behaarten Höckern und gelblicher Zeichnung, am Ende mit umgebogenen, gelbgrünen Anhängseln.
Vorkommen Trockenrasen und Gebüsche; lockere, sonnige Kalkböden. Vor allem S-EU; in D nur sehr zerstreut. §

Ähnlich **Hummel-Ragwurz** *Ophrys holosericea*, Lippe mit dreiteiligem, nach oben gerichtetem, gelblichem Anhängsel. §

Breitblättrige Stendelwurz

Braunrote Stendelwurz

Fliegen-Ragwurz

Bienen-Ragwurz

Gewöhnliche Akelei

Aquilegia vulgaris · Fam. Hahnenfußgew.

Große, hängende Blüten aus funktionell 5 einzelnen Glocken. ✿ Mai–Jul

Mehrjährig; Blütenstand verzweigt, bis 80 cm hoch; **Blätter** doppelt 3-teilig; **Blüten** blauviolett, hängend, bis 5 cm lang, 5 Blütenblätter zu Spornen verlängert.
Vorkommen Bergwiesen, Gebüsche, lichte Wälder, trockene Hänge; Gärten. In M.-EU weit verbreitet, sonst verwildert und eingebürgert. §

Feld-Rittersporn

Consolida regalis · Fam. Hahnenfußgew.

Mittelgroßes, in der Blüte sehr attraktives Ackerwildkraut. ✿ Mai–Jul

Einjährig, 20–50 cm hoch; **Blätter** mehrfach geteilt, schmale Zipfel; Tragblätter der Blüten kürzer als die Blütenstiele; **Blüten** dunkelblau mit hellerer Mitte, einfacher, 2 cm langer Sporn.
Vorkommen Nährstoffreiche Getreideäcker, Wegsäume, Trockenplätze, vor allem in Kalkgebieten. In M.-EU weit verbreitet; früher häufiges Ackerwildkraut, durch Herbizide meist nur noch in Gebieten mit Ackerrandstreifen-Schutzprogramm. §

Leberblümchen

Hepatica nobilis · Fam. Hahnenfußgewächse

Frühblüher mit sternförmigen Blüten auf dünnen Stielen. ✿ Mär–Apr

Mehrjährig, 10–15 cm hoch; **Blätter** grundständig, 3-lappig, leberförmig (Name!), meist erst nach den Blüten, mitunter wintergrün; **Blüten** 3 kelchartige Hochblätter, 6–10 blaue, selten rosa oder weiße Kronblätter mit dunkleren Streifen.
Vorkommen Gebüsche, Laubwälder, auf Kalk. M.-EU; fehlt in D westlich des Rheins.

Gewöhnliche Küchenschelle

Pulsatilla vulgaris · Familie Hahnenfußgew.

Große, glockenförmige, tief blauviolette Blüten. ✿ Mär–Apr

Mehrjährig, 5–40 cm hoch; **Blätter** erst nach der Blüte, mehrfach gefiedert, anfangs seidig behaart, später kahl; **Blüten** 4–6 cm lang gestielt, Blütenblätter meist mehr als 5, länger als die Staubblätter; Nuss**früchte** mit langem Federschweif, Ausbreitung durch Wind oder Tiere.
Vorkommen Magerrasen, Trockenwiesen, Gebüsche, Kiefernwälder, meist auf Kalk. In M.-EU verbreitet. Selten, durch Rückgang offener Schafweiden gefährdet. §

Vielblättrige Lupine

Lupinus polyphyllus · F. Schmetterlingsbl.g.

Meist stattliche, vielblütige Pflanze mit handförmigen Blättern. ✿ Jun–Sep

Mehrjährig, bis zu 1,2 m hoch; **Blätter** lang gestielt, Spreite handförmig 9- bis 17-teilig, Fiedern bis 15 cm lang; **Blüten** bis 1,5 cm lang, zahlreich in dichter Traube, Krone selten weißlich.
Vorkommen Böschungen, Waldlichtungen, Säume. Stammt aus dem westlichen N-Amerika, als Rohbodenpionier angesät und eingebürgert.

Zaun-Wicke

Vicia sepium · F. Schmetterlingsblütengew.

Liegende, aufsteigende oder kletternde, bis 1 m lange Stängel. ✿ Mai–Jul

Mehrjährig; **Blätter** gestielt, mit 4–7 länglich ovalen, behaarten Fiederpaaren, Endfiedern zu verzweigten Ranken umgebildet; **Blüten** ca. 1–1,5 cm lang, zu 2–6 in kurzen Trauben, Kronen bläulich violett.
Vorkommen Gebüsche, Wegränder, Gärten, Zäune, Waldsäume. In EU vom Tiefland bis ins Gebirge häufig.

Gewöhnliche Akelei

Feld-Rittersporn

Leberblümchen

Gewöhnliche Küchenschelle

Vielblättrige Lupine

Zaun-Wicke

Vogel-Wicke

Vicia cracca · Fam. Schmetterlingsblütengew.

Formenreiche Pflanze mit bis über 1 m langen, kantigen Stängeln und Blüten in langen Trauben. ✿ Jun–Aug

Mehrjährig; **Blätter** kahl oder anliegend behaart, 6–10 Paar Fiedern je 2–4 mm breit und bis 3 cm lang, **Blüten** 1 cm lang, Kronen einheitlich blauviolett.

Vorkommen Wälder, Wegränder, Getreideäcker, Gebüsche, Zäune; auf tiefgründigen, nährstoffreichen Lehmböden. In EU weit verbreitet.

Wald-Wicke

Vicia sylvatica · F. Schmetterlingsblütengew.

Kantiger, aufsteigender oder kletternder Stängel, Blüten blass. ✿ Jun–Jul

Mehrjährig, 50–150 cm hoch; **Blätter** mit 6–8 Fiederpaaren, meist mit Ranke; **Blüten** 1,5 cm lang, in einseitswendigen Trauben, blass, blauviolett geadert, Schiffchenspitze violett.

Vorkommen Wälder, Gebüsche, Wegränder, Säume. M.- und SO-EU, fehlt westlich des Rheins. Im Gebirge bis 1950 m.

Saat-Wicke

Vicia sativa · Fam. Schmetterlingsblütengew.

Einzelne satt rötliche Blüten in den oberen Blattachseln. ✿ Mai–Jul

Einjährig, 30–70 cm hoch; **Blätter** mit meist 5 Fiederpaaren; **Blüten** bis 2,5 cm lang, Fahne rotviolett, Flügel purpurn oder wie die Fahne; Nebenblätter mit dunklen Nektardrüsen wie bei der Zaun-Wicke.

Vorkommen Gärten, Äcker, Brachen, Wegränder. Früher als Futterpflanze verwendet. In EU weit verbreitet.

Berg-Platterbse

Lathyrus linifolius · F. Schmetterlingsbl.gew.

Nicht rankende Pflanze mit schmal geflügeltem Stängel. ✿ Apr–Jun

Mehrjährig, 15–30 cm hoch, liegend oder aufsteigend; **Blätter** mit 2–3 Fiederpaaren, unterseits bläulich; **Blüten** rötlich, zu 4–6 in lang gestielten, lockeren Trauben, Kronen anfangs hellpurpurn, dann zunehmend trübblau, zuletzt hellbraun gefärbt.

Vorkommen Lichte Laubwälder, Heiden, Magerrasen. In ganz M.-EU weit verbreitet.

Frühlings-Platterbse

Lathyrus vernus · F. Schmetterlingsbl.gew.

Nicht rankende Pflanze mit Rhizom und rötlich-blauen Blüten. ✿ Apr–Jun

Mehrjährig, 30–80 cm hoch; Fieder**blätter** breit oval, spitz, statt der Endfieder häufig eine schlanke Spitze; **Blüten** bis 2 cm lang, in Traube, rot, dann violett, zuletzt weißlich bis grünlich blau.

Vorkommen Lichte Laub- und Mischwälder, meist auf Kalk, im Bergland bis in 1900 m. Fast überall in EU verbreitet, fehlt im N und NW von D.

Wald-Platterbse

Lathyrus sylvestris · F. Schmetterlingsbl.gew.

Geflügelte Blattstiele, breiter geflügelte Stängel. ✿ Jul–Sep

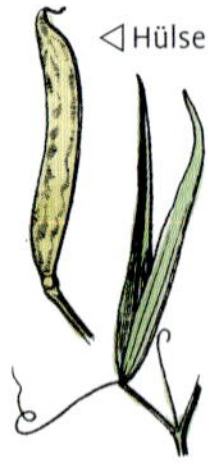

Mehrjährig, bis zu 2 m lang; **Blätter** mit 1 Paar lanzettlicher, bis zu 12 cm langer Fiedern und 1 (verzweigten) Ranke; **Blüten** bis 2 cm lang, in lockeren Trauben, Fahnen hellpurpurn, Flügel dunkler, Schiffchen cremeweiß.

Vorkommen Laub- und Mischwälder, Hecken. In EU weit verbreitet.

Vogel-Wicke

Wald-Wicke

Saat-Wicke

Berg-Platterbse

Frühlings-Platterbse

Wald-Platterbse

Hunds-Veilchen

Viola canina · Familie Veilchengewächse

Kleine, unauffällige Pflanze mit blauvioletten, gestielten Blüten. ✲ Apr–Jun

Mehrjährig, 5–15 cm hoch; Stängel aufsteigend, wenig behaart; **Blätter** lang gestielt, mit herzförmiger Spreite; **Blüten** blauviolett mit hellgelbem Sporn und dunkleren Strichen zur Blütenmitte.
Vorkommen Magerrasen und lichte Wälder; meidet kalkhaltige Böden. Fast überall in EU und mit Ausnahme des SO weit verbreitet, stellenweise aber sehr zerstreut.

März-Veilchen

Viola odorata · Familie Veilchengewächse

Rosettig, lange, wurzelnde Ausläufer und duftende Blüten. ✲ Mär–Apr

Mehrjährig, bis 10 cm hoch; **Blätter** rundlich nierenförmig, gestielt, in grundständiger Rosette; **Blüten** dunkelviolett mit dunklem Sporn, selten rosa oder weiß.
Vorkommen Gebüsche, Hecken, Waldränder, aufgelassenes Gartenland. Ursprünglich nur in S-EU, durch Verwilderung aus Gartenkultur heute auch in M.-EU fast überall verbreitet.

Sumpf-Veilchen

Viola palustris · Familie Veilchengewächse

Untypisch rötliche bis blassviolette, lang gestielte Blüten. ✲ Jun–Aug

Mehrjährig, bis zu 15 cm hoch, mit unterirdischen Ausläufern; **Blätter** rosettig, rundlich bis breit herzförmig; **Blüten** blass, selten ganz weiß.
Vorkommen Nasswiesen, Niedermoore, Sümpfe, feuchte Gräben, Bruchwälder, Ufer. Fast überall in EU verbreitet; in D nicht sehr häufig, durch Biotopzerstörung gefährdet und unbedingt schützenswert.

Wald-Veilchen

Viola reichenbachiana · Fam. Veilchengew.

Waldbodenpflanze mit gattungstypisch violetten Blüten. ✲ Apr–Mai

Mehrjährig, bis 20 cm hoch; Stängel aufrecht oder aufsteigend, beblättert; **Blätter** länglich herzförmig, die grundständigen rosettig; **Blüten** violettblau, mit dunkelviolettem, schlankem Sporn (beim ähnlichen **Hain-Veilchen** *V. riviniana* dick, hell).
Vorkommen Laub- und Mischwälder; auf lockerem, kalkhaltigem Boden. M.- und S-EU; in D relativ häufig.

Raues Veilchen

Viola hirta · Familie Veilchengewächse

Ohne oberirdischen Stängel, mit hellvioletten Blüten. ✲ Mär–Mai

Mehrjährig, 5–25 cm; Blattstiele der Frühjahrs**blätter** 1–8 cm lang, der im Sommer angelegten bis 20 cm, Spreiten der Frühjahrsblätter 1,5–4 cm lang, bei Sommerblättern bis 10 cm, breit oval-herzförmig, gekerbt, kurzhaarig; **Blüten** bis 2 cm breit, Sporn bis 5 mm lang, an der Spitze aufwärtsgebogen, kräftig violett.
Vorkommen Lichte Wälder, Trockengebüsche, vor allem in den Kalkgebieten. In EU weit verbreitet, in D zerstreut.

Wildes Stiefmütterchen

Viola tricolor · Familie Veilchengewächse

Formenreiche, meist dreifarbige, gestielte, große Blüten. ✲ Mai–Okt

Ein- oder mehrjährig, 10–30 cm hoch; **Blätter** länglich herzförmig, Nebenblätter gefiedert; **Blüten** bis zu 2,5 cm breit, mitunter auch in einfarbigem Weiß, Gelb oder Violett.
Vorkommen Äcker, Wiesen, Brachen, Wegränder und Graudünen. Fast überall in EU verbreitet; fehlt in D stellenweise.

Hunds-Veilchen

März-Veilchen

Sumpf-Veilchen

Wald-Veilchen

Raues Veilchen

Wildes Stiefmütterchen

Rundblättrige Glockenblume

Campanula rotundifolia · F. Glockenblumeng.

Aufrechter oder aufsteigender Stängel mit blauvioletten Blüten. ✩ Jun–Sep

Meist mehrjährig, 10–30 cm hoch, grundständige **Blätter** rundlich, zur Blütezeit meist nicht mehr vorhanden, Stängelblätter, linealisch; **Blüten** 1,5–2 cm lang, zu 2–8 in Rispen. Kapsel**frucht** mit winzigen Samen.

Vorkommen Magerrasen, Felsfluren, Dämme, Mauern, lichte Wälder, Dünen. In EU fast überall häufig.

Wiesen-Glockenblume

Campanula patula · F. Glockenblumengew.

Meist reichblütig, Stängel verzweigt, kaum beblättert. ✩ Mai–Aug

Formenreich, zweijährig, 20–60 cm hoch; Stängel aufrecht; grundständige **Blätter** schmal oval, Stängelblätter, lanzettlich, sitzend; **Blüten** zu 3–10 in lockerer Rispe, Kronen 1,5–2,5 cm lang, helllila bis blauviolett.

Vorkommen Wiesen, Wegränder. In EU verbreitet; in D nur im nördlichen Tiefland selten.

Pfirsichblättrige Glockenblume *Campanula persicifolia*

Großblumig, Stängel meist unverzweigt, viele Blüten. ✩ Juni-Aug

Mehrjährige Pflanze, 50–80 cm hoch; Grund**blätter** länglich oval, Stängelblätter wechselständig, lanzettlich; **Blüten** zu 3–8 in lockerer Traube, Kronen 2,5–4 cm lang, blau bis blauviolett, selten reinweiß.

Vorkommen Lichte Wälder, Gebüschsäume. In EU weit verbreitet, ebenso in D; oft auch in Gartenkultur.

Nesselblättrige Glockenblume *Campanula trachelium*

Pflanze mit kantigem, borstig behaartem Stängel und traubigem Blütenstand. ✩ Jul–Sep

Mehrjährig, 30–90 cm hoch; **Blätter** wechselständig, grob und unregelmäßig gezähnt, die unteren gestielt, die oberen sitzend; **Blüten**kronen 3–4 cm lang, blauviolett bis blaulila.

Vorkommen Lichte Wälder, Säume, Gebüsche; vorzugsweise auf kalkhaltigem Boden. Fast überall in EU.

Ährige Teufelskralle

Phyteuma spicatum · F. Glockenblumengew.

Nur in der Blüte auffallend, mit etwas kantigem Stängel. ✩ Mai–Jul

Mehrjährig, bis zu 60 cm hoch; Grund**blätter** lang gestielt, herzförmig, gesägt, Stängelblätter wesentlich schmaler, die oberen sitzend; **Blüten** in walzenförmiger Ähre, Kronen cremeweiß oder hell bläulich, krallenförmig.

Vorkommen Wälder, Gebüsche, auch auf Bergwiesen. Vor allem in M.-EU; in D westlich des Rheins nur zerstreut, sonst häufig.

Schwarze Teufelskralle

Phyteuma nigrum · Fam. Glockenblumengew.

Nur in der Blüte auffälligere kleine bis mittelgroße Pflanze mit aufrechtem, unverzweigtem Stängel. ✩ Mai–Jul

Mehrjährig, 20–80 cm hoch; **Blätter** länglich herzförmig, grob gezähnt; **Blüten** zahlreich in einer dichten Ähre, vor dem Aufblühen stark gekrümmt, Kronen dunkelviolett.

Vorkommen Wälder, Bergwiesen bis in 1200 m Höhe. Nur M.-EU nördlich der Alpen; in D vor allem in den Mittelgebirgen, im Tiefland seltener.

Rundblättrige Glockenblume

Wiesen-Glockenblume

Pfirsichblättrige Glockenblume

Nesselblättrige Glockenblume

Ährige Teufelskralle

Schwarze Teufelskralle

Gefranster Enzian

Gentianella ciliata · Familie Enziangewächse

80–20 cm hohe, dekorative Pflanze mit kantigem, oft unverzweigtem, aufsteigendem Stängel und dunkelblauen Blüten. ✿ Jul–Sep

Zwei- bis mehrjährig; **Blätter** überwiegend wechselständig, schmal lanzettlich, 1-nervig; **Blüten** meist einzeln, 2–4,5 cm lang, Krone einheitlich dunkelblau, Kronzipfel eingeschnitten und randlich lang gefranst.

Vorkommen Trockenrasen, Gebüsche, lichte Wälder; meist auf Kalkböden, im Gebirge bis in über 2200 m Höhe. M.- und S-EU; in D selten, fehlt hier nördlich der Mittelgebirge. §

Wissenswert! Die Blüte verströmt tagsüber einen intensiven Veilchenduft und lockt damit ihre Bestäuber (Hummeln und Tagfalter) an. Die Kronblätter reflektieren sehr stark den UV-Anteil des Sonnenlichts und erscheinen Insekten sehr grell.

Lungen-Enzian

Gentiana pneumonanthe · Fam. Enziangew.

10–40 cm hohe Pflanze mit stumpfkantigem, aufrechtem, an der Basis mitunter etwas verholztem Stängel und tiefblauen Blüten. ✿ Jul–Okt

Mehrjährig; **Blätter** gegenständig, die unteren relativ klein, die mittleren länger und schmal lanzettlich, die oberen linealisch, meist nur 1-nervig und am Rande leicht umgeschlagen; **Blüten** kurz gestielt oder sitzend in den oberen Blattachseln bzw. am Stängelende, Kronen innen mit 5 Streifen grüner, hell umrandeter Punkte, 3,5–5 cm lang, bis zur Hälfte in 5 schmale Zipfel geteilt, diese breit 3-eckig und am Rand kleinzähnig; die 5 Staubbeutel sind zu einer Röhre verklebt, der grünliche Kelch ist etwa so lang wie die Kronröhre.

Vorkommen Flachmoore, Feuchtheiden, Magerrasen, Moorwiesen, an der Küste auch Braundünen; humose, torfige, kalkfreie, wechselfeuchte Böden. N-EU, in D nur sehr punktuell anzutreffen. §

Ausdauernder Lein

Linum perenne · Familie Leingewächse

30–70 cm hohe, formenreiche Pflanze trockener Standorte mit aufrechtem, wenig verzweigtem Stängel und himmelblauen Blüten. ✿ Jun–Aug

Mehrjährig, Stängel schlank, fest; **Blätter** wechselständig, lanzettlich, graugrün, mit 1–3 Hauptnerven, etwa 2–4 mm breit und um 2 cm lang, am Rand leicht rau; **Blüten** bis 3 cm breit, zahlreich in lockeren Trauben, kurzlebig; Kronblätter decken sich randlich, Kelchblätter stumpf, die inneren breiter und länger als die äußeren.

Vorkommen Lichte Kiefernwälder, Trockenrasen, Steinfluren. Hauptsächlich in SO- und M.-EU; in D nur sehr zerstreut. §

Wissenswert! Die Blüten des A. L. zeigen Heterostylie – sie haben entweder lange Staubblätter und kurze Griffel oder umgekehrt. Anders als der einjährige **Saat-Lein** oder **Flachs** *Linum usitatissimum*, der als Kulturpflanze angebaut wird, findet sich die Art auch in Gartenkultur.

Gewöhnliches Kreuzblümchen

Polygala vulgaris · Fam. Kreuzblumengew.

10–20 cm hoch, mit aufrechtem oder aufsteigendem, ästigem Stängel; Blüten dunkelblau bis violett. ✿ Mai–Aug

Formenreich, mehrjährig, Stängel dünn; **Blätter** wechselständig, kurz gestielt, schmal elliptisch bis linealisch, etwas lederig; **Blüten** um 8 mm lang, zu mehreren in endständiger Traube, kronblattartige Kelchblätter sowie Kronen dunkelblau bis violett, selten auch weiß oder rötlich.

Vorkommen Hecken, Böschungen, Sandfluren, Halbtrockenrasen, Wiesen, Heiden. EU, in D meist zerstreut.

Ähnlich **Bitteres Kreuzblümchen** *Polygala amara*, untere Blätter rosettenartig, schmecken beim Zerkauen stark bitter; Steinfluren. Weitere ähnliche Arten im Gebiet.

Gefranster Enzian

Lungen-Enzian

Ausdauernder Lein

Gewöhnliches Kreuzblümchen

Wiesen-Storchschnabel

Geranium pratense · Fam. Storchschnabelg.

Große Wiesenpflanze mit behaartem Stängel, Blüten tiefblau. ✫ Jun–Aug

Mehrjährig, bis 60 cm hoch; **Blätter** lang gestielt, handförmig 5- bis 7-teilig, gezähnt, kurzborstig behaart; **Blüten** 2–4 cm breit, flach ausgebreitet, zahlreich in Rispen, Kronen blauviolett, dunkler geädert, abgeblühte Stiele senken sich.
Vorkommen Nährstoffreiche, feuchte Wiesen, Gebüsche; vorwiegend auf Kalkböden. M.- und O-EU; in D nur im N selten.

Himmelsleiter

Polemonium coeruleum · F. Himmelsleiterg.

Wiesenpflanze mit kantig gefurchtem Stängel, Blüten hellblau. ✫ Jun–Sep

Mehrjährig, 30–80 cm hoch, **Blätter** unpaarig gefiedert, Fiedern lanzettlich; **Blüten** bis 3 cm breit, hellblau, selten weiß, Staubblätter weit vorragend.
Vorkommen Feuchtwiesen, Niedermoore, Schuttfluren, Gärten. N- und M.-EU; in D ausschließlich im Bergland, westwärts nur bis zum Rhein.

Phacelie

Phacelia tanacetifolia · Fam. Raublattgew.

Sehr auffällige Pflanze mit zahlreichen hellblauen Blüten. ✫ Jun–Okt

Auch als Büschelschön oder Bienenfreund bekannt, einjährig, 50–70 cm hoch; **Blätter** behaart, gestielt, fiederschnittig; **Blüten** in Wickeln, 5-zipfelig, Staubblätter rötlich blau, pinselartig weit vorragend.
Vorkommen Äcker, Gärten, Schuttstellen. Stammt aus NW-Amerika, bei uns als Bienenfutter und Gründünger stellenweise unbeständig verwildert.

Acker-Witwenblume

Knautia arvensis · Fam. Geißblattgew.

Dekorative Wiesenpflanze, Stängel wenig verzweigt, behaart. ✫ Mai–Sep

Mehrjährig, etwa 30–100 cm hoch; **Blätter** fiederteilig, graugrün; **Blüten** in lang gestielten, halbkugeligen, bis zu 4 cm breiten, flachen Köpfen, Kronen hell- bis blauviolett, Randblüten mit 4 vergrößerten Zipfeln.
Vorkommen Wiesen, Trockenrasen, Raine. In EU fast überall, in D gebietsweise häufig.

Teufelsabbiss

Succisa pratensis · Familie Geißblattgew.

Attraktive Wiesenpflanze, Stängel aufrecht oder aufsteigend. ✫ Jul–Sep

Mehrjährig bis 1 m hoch; **Blätter** gegenständig, ovalelliptisch bis lanzettlich; **Blüten** in kugeligen, bis zu 2 cm breiten Köpfchen, Kronen blauviolett, gelegentlich rosa oder weiß.
Vorkommen Nasse Wiesen, Niedermoore, Heiden, bis in 1400 m Höhe. In EU weit verbreitet, in D allerdings stellenweise selten.

Tauben-Skabiose

Scabiosa columbaria · Fam. Geißblattgew.

Formenreich, Stängel wenig behaart, Blütenköpfchen lila. ✫ Jun–Sep

Mehrjährig, 20–60 cm hoch; Grund**blätter** gekerbt, Stängelblätter gegenständig, schmal fiederteilig; **Blüten** in 2–3,5 cm breiten Köpfchen, 5-zipfelig, bei randlichen Blüten vergrößert, Kelchborsten schwarz.
Vorkommen Trockenrasen, Wiesen, Kiefernwälder, Gebüsche, Dämme. M.- und S-EU; in D vor allem im südlicheren Teil, im N von D selten.

Wiesen-Storchschnabel

Himmelsleiter

Phacelie

Acker-Witwenblume

Teufelsabbiss

Tauben-Skabiose

Gamander-Ehrenpreis

Veronica chamaedrys · Fam. Wegerichgew.

Kleinere Wiesenpflanze, Stängel auf den Achsen 2-zeilig behaart. ✫ Apr–Jun

Mehrjährig, 15–30 cm hoch; **Blätter** gegenständig, kurz gestielt bis sitzend, gekerbt; **Blüten** in Trauben in den oberen Blattachseln, Kronen 4-zählig, unteres Kronblatt schmaler, bis 1,2 cm breit, geadert.
Vorkommen Gebüsche, lichte Wälder, Wiesen; meist auf lockerem, nährstoffreichem Lehmboden. Fast überall in EU häufig.

Faden-Ehrenpreis

Veronica filiformis · Fam. Wegerichgewächse

Fadendünne, liegende, an den Knoten wurzelnde Stängel. ✫ Apr–Mai

Mehrjährig, 5–30 cm lang; **Blätter** gestielt, rundlich, gekerbt; **Blüten** in den Blattachseln, um 1 cm breit, unteres Kronblatt sehr schmal, blass blaulila, dunkler geadert.
Vorkommen Nährstoffreiche Wiesen, Garten-, Parkrasen. Aus Vorderasien; in D und im übrigen M.-EU an vielen Stellen eingebürgert, zurzeit wieder im Rückgang.

Wald-Ehrenpreis

Veronica officinalis · Fam. Wegerichgewächse

Helle Waldbodenpflanze, Stängel liegend, Blütenstand aufrecht. ✫ Mai–Jul

Mehrjährig, 15–20 cm hoch; **Blätter** gegenständig, behaart, verkehrt eiförmig, gekerbt, bis 2,5 cm breit, 4 cm lang; **Blüten** in dichten Trauben in den Blattachseln, Kronen hellviolett, bis 8 mm breit.
Vorkommen Trockene Wälder, Gebüsche, Säume. Meidet nährstoffreiche Böden. In EU weit verbreitet. Früher Heilpflanze.

Persischer Ehrenpreis

Veronica persica · Fam. Wegerichgewächse

Offenlandpflanze mit rundum behaartem Stängel. ✫ Mär–Dez

Einjährig, 10–40 cm hoch; **Blätter** gestielt, bis 2,5 cm lang, eiförmig, gekerbt; **Blüten** in den oberen Blattachseln, Kronen 1 cm breit, himmel- bis azurblau, dunkler geadert. Optische Bestäuberlenkung zur Kronenmitte.
Vorkommen Äcker, Brachen, Gärten, Weinberge. Stammt aus Vorderasien; heute fast überall in EU eingebürgert und häufig.

Efeublättriger Ehrenpreis

Veronica hederifolia · Fam. Wegerichgew.

Sehr kleines und häufiges Wildkraut, liegend oder aufsteigend. ✫ Mär–Mai

Einjährig, 5–20 cm hoch; Stängel vorwiegend im oberen Teil behaart, verzweigt; **Blätter** sitzend, breit oval, gekerbt; **Blüten** lang gestielt, in den oberen Blattachseln, um 3–7 mm breit, Kronen hell lilablau, 4-zählig.
Vorkommen Hackfruchtäcker, Brachen, Gärten. In ganz M.- und S-EU recht häufig.

Bachbungen-Ehrenpreis

Veronica beccabunga · Fam. Wegerichgew.

Kräftig, aufrecht oder aufsteigend, an den Knoten wurzelnd. ✫ Mai–Sep

Mehrjährig, 10–50 cm hoch; **Blätter** fleischig, bis 5 cm lang, gekerbt; **Blüten** in Trauben in den Blattachseln, 5–7 mm breit, blass- oder dunkelblau, geadert, nur bei Sonne ausgebreitet.
Vorkommen Gräben, Bachufer, Quellsümpfe; oft an Gartenteichen gepflanzt. Fast überall in EU verbreitet.

Gamander-Ehrenpreis

Faden-Ehrenpreis

Wald-Ehrenpreis

Persischer Ehrenpreis

Efeublättriger Ehrenpreis

Bachbungen-Ehrenpreis

Kriechender Günsel

Ajuga reptans · Fam. Lippenblütengewächse

15–30 cm hoch, mit aufrechtem Stängel, langen, oberirdischen Ausläufern und meist blauen Blüten. ✿ Mai–Jul

Mehrjährig; grundständige **Blätter** in flacher Rosette, spatelig, mit geflügeltem Blattstiel, dunkelgrün, Stängelblätter gegenständig, länglich oval, fast glattrandig; **Blüten** etagenartig in den oberen Blattachseln in dichten Scheinähren, Kronen bisweilen auch rosa oder weiß, Oberlippe fehlt, Unterlippe lang, 3-zipfelig.

Vorkommen Feuchte Wiesen, Gebüsche, lichte Wälder, Säume, Wegränder, Gärten; auf Lehmböden. Im südlichen N- sowie in M.-EU fast überall verbreitet; in D häufig.

Wissenswert! Die Tragblätter der Blüten sind an der Basis meist kräftig blauviolett verfärbt und verstärken so die optische Wirkung des Blütenstandes.

Gewöhnliche Braunelle

Prunella vulgaris · Familie Lippenblütengew.

10–25 cm hoch, mit verzweigtem, kantigem, aufrechtem Stängel und oberirdischen Ausläufern, Blüten kräftig blauviolett. ✿ Mai–Okt

Mehrjährig; **Blätter** gegenständig, gestielt, länglich oval, überwiegend glattrandig; **Blüten** in einer kopfigen Scheinähre unmittelbar oberhalb des obersten Blattpaares, Kronen mit gewölbter Ober- und flacher Unterlippe, Kelch tief 2-lippig, Tragblätter der Blütenquirle lang bewimpert und auffallend bräunlich violett.

Vorkommen Wiesen, Rasen, Wegränder, lichte Wälder, Weiden; bevorzugt auf nährstoffreichen und frischen Lehmböden. Überall in EU ziemlich häufig.

Wissenswert! Das Kraut wurde früher arzneilich verwendet, die jungen Blätter schmecken in Kräutersuppen gut.

Wiesen-Salbei

Salvia pratensis · Fam. Lippenblütengew.

30–80 cm hohe Wiesenpflanze mit aufrechtem, hohlem, ästig verzweigtem Stängel und blauvioletten Blüten. ✿ Mai–Aug

Mehrjährig; **Blätter** gegenständig, gestielt, Spreite bis 12 cm lang, breit oval, an der Basis herzförmig, grob und unregelmäßig gezähnt bis wenig gelappt, runzelig; **Blüten** zahlreich in endständiger, lockerer Ähre, Kronen selten auch hellblau oder rosa.

Vorkommen Halbtrockenrasen, Dämme, Böschungen, meist auf kalkhaltigem Boden. M.-EU, bis N-D und England.

Wissenswert! Wenn Bienen oder Hummeln mit ihrem Rüssel in die Kronröhre vordringen, stoßen sie an die gelenkig aufgehängten Staubblätter, die daraufhin herunterklappen und den Pollen auf den pelzigen Insektenrücken abladen.

Schwarznessel

Ballota nigra · Fam. Lippenblütengewächse

50–120 cm hohes Wildkraut mit aufrechtem, 4-kantigem Stängel und trübroten Blüten. ✿ Apr–Jun

Mehrjährig; Stängel meist dicht behaart und rötlich überlaufen, manchmal stark verzweigt; **Blätter** gegenständig, meist kurz gestielt, breit lanzettlich bis oval, vorn zugespitzt, runzelig; **Blüten** zu wenigen in den Achseln der oberen Blätter, Kronen 1–1,5 cm lang, Oberlippe nicht besonders groß, nur flach gewölbt, auf der Außenseite dicht behaart, Unterlippe heller geädert, mit eingekerbtem Mittellappen.

Vorkommen Siedlungsnahes Brachland, Wegränder, Ruderal- und Abfallstellen, Gebüsche, Zäune; gern auf nährstoff- und stickstoffreichen Böden (Nährstoffzeiger). M.- und S-EU; in D von W nach O zunehmend häufig, vielerorts nur zerstreut.

Gundermann, Gundelrebe

Kornblume

Blauer Lattich

Wegwarte

Gewöhnliche Flockenblume

Centaurea jacea · Fam. Korbblütengewächse

30–70 cm hohe Wiesenpflanze mit aufrechtem, verzweigtem Stängel und violetten Korbblüten. ✿ Jun–Okt

Mehrjährig; **Blätter** wechselständig, lanzettlich, glattrandig; **Blüten**körbchen 2–4 cm breit, Röhrenblüten, am Rand größer. **Vorkommen** Trockenwiesen, Magerrasen. Häufig.

Ähnlich **Schwarze Flockenblume** *C. nigra*, ohne vergrößerte Randblüten.

Skabiosen-Flockenblume

Centaurea scabiosa · Fam. Korbblütengew.

Formenreich, Stängel kantig, nur im oberen Teil verzweigt. ✿ Jun–Okt

Mehrjährig, 30–120 cm; Stängel, kurz behaart; **Blätter** meist fiederteilig mit schmalen, wenig gezähnten Abschnitten, lederig; **Blüten**köpfchen 3–5 cm breit, Blüten röhrenförmig, die äußeren vergrößert, ausgebreitet und 5-zipfelig, steril, die übrigen purpurn bis bläulich-rot. Häufig von Gallwespen befallen (knotige Stängel!). **Vorkommen** Magerwiesen, Halbtrockenrasen, Säume. In EU weit verbreitet, in D nur im Tiefland selten.

Salz-Aster

Aster tripolium · Fam. Korbblütengewächse

15–70 cm hoch, unverwechselbar, gerillter, rötlicher Stängel. ✿ Jun–Sep

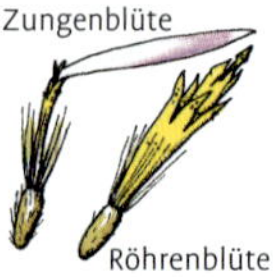

Zweijährig; **Blätter** lanzettlich, fleischig; **Blüten**körbchen 2–3 cm breit, in Doldenrispen, Zungenblüten ♀, Röhrenblüten zwittrig, gelb. Randblüten mitunter fehlend.
Vorkommen Strand- und Salzwiesen, Prielränder, Gräben. Fast alle Küstengebiete von EU, selten an Salzstellen des Binnenlands.

Zweiblättriger Blaustern

Scilla bifolia · Familie Spargelgewächse

Frühblüher am Waldboden, mit nur 2 grundständigen Blättern. ✿ Mär–Apr

Formenreiche, mehrjährige Zwiebelpflanze, 10–20 cm hoch; **Blätter** schmal lanzettlich, umfassen den Blütenstandsschaft; **Blüten** um 1,5 cm breit, blau, seltener rosa oder weiß.
Vorkommen Lichte Laubwälder, Auen, Gebüsche. An einigen Stellen auch in Massenvorkommen. M.- und S-EU; in D zerstreut im SW. §

Schopfige Traubenhyazinthe

Muscari comosum · Familie Spargelgewächse

Kleine Zwiebelpflanze mit einfachem, aufrechtem Stängel. ✿ Mai–Jun

Mehrjährig, 30–70 cm; nur 2–4 **Blätter**, glatt, unbehaart, 1–2,5 cm breit; **Blüten** zahlreich in einer verlängerten Traube, diese oben mit einem Schopf glockiger, tiefblauer, steriler Blüten, untere Blüten bräunlich, abstehend.
Vorkommen Weinberge, Magerrasen, Steppen. S-EU; in D selten. §

Sibirische Schwertlilie

Iris sibirica · Familie Schwertliliengewächse

Sehr auffällig, mit schlankem Stängel und großen, blauen Blüten. ✿ Mai–Juni

Mehrjährig, 40–80 cm hoch; Stängel rund; grundständige **Blätter** bis zu 60 cm lang, 2–6 mm breit, bläulich grün; **Blüten** lang gestielt, zu 1–4 (meist 2) endständig, blauviolett, an der Basis weißlich und dunkel geadert.
Vorkommen Sumpfwiesen, Ufer, Röhrichte. Südliches M.- und S-EU; in D nur zerstreut bis selten. §

Gewöhnliche Flockenblume

Skabiosen-Flockenblume

Salz-Aster

Zweiblättriger Blaustern

Schopfige Traubenhyazinthe

Sibirische Schwertlilie

Stinkende Nieswurz

Helleborus foetidus · Familie Hahnenfußgew.

Wintergrüne Art mit großem, bleichgrünem Blütenstand. ✿ Feb–Mai

Mehrjährig, kräftig, aufrecht, 20–80 cm hoch; **Blätter** lederig, gestielt, handförmig geteilt mit 7–11 gezähnten Abschnitten; **Blüten** 1–2 cm lang, vorn rot umrandet, glockig, nickend, zu mehreren in lockerer, einseitswendiger Rispe.

Vorkommen Trockene, steinige Hänge, Gebüsche, lichte Wälder. Halbschattenpflanze. W- und SW-EU, in D an der O-Grenze der Verbreitung, nach N zunehmend seltener; gelegentlich als Zierpflanze.

Grüne Nieswurz

Helleborus viridis · Fam. Hahnenfußgewächse

Sommergrüne Blätter handförmig, Blüten flach ausgebreitet. ✿ Mär–Apr

Mehrjährig, bis 60 cm hoch, bis zum Blütenstand unbeblättert; **Blätter** mit gesägten Abschnitten; **Blüten** ohne rötliche Umrandung, ohne unangenehmen Geruch.

Vorkommen Tiefgründige, humusreiche, kalkhaltige Böden in Wäldern und Gebüschen. Südliches (M.-)EU; in D vom Tiefland bis ins Gebirge, Alpen bis 1000 m Höhe. §

Wissenswert! Früher als Heilpflanze kultiviert, aus dieser Zeit stellenweise verwildert.

Rotbeerige Zaunrübe

Bryonia dioica · Familie Kürbisgewächse

Kletterpflanze mit schraubigen Ranken an der Unterlage. ✿ Jun–Sep

Mehrjährig; Stängel bis zu 3 m lang; **Blätter** gestielt, handförmig 5-lappig, glattrandig; **Blüten** zweihäusig, grünlich weiß, einzeln oder zu wenigen in den Blattachseln; **Beeren** reif scharlachrot. Stark giftig!

Vorkommen Hecken, Gebüsche und Waldränder, auf nährstoffreichen Böden. In S- und M.-EU weit verbreitet.

Wald-Bingelkraut

Mercurialis perennis · Fam. Wolfsmilchgew.

Auffallend dunkelgrüne Waldpflanze ohne Milchsaft. ✿ Apr–Jun

Mehrjährig, 15–35 cm hoch; **Blätter** gegenständig, im oberen Stängelbereich gedrängt, lanzettlich, dunkelgrün, duften beim Zerreiben etwas unangenehm; **Blüten** zweihäusig, unscheinbar grünlich, windbestäubt.

Blattlänge bis 10 cm

Vorkommen Humusreiche, tiefgründige Laub- und Mischwälder. Fast überall in EU verbreitet.

Einjähriges Bingelkraut

Mercurialis annua · Familie Wolfsmilchgew.

Dem Wald-Bingelkraut ähnlich, aber auf Äckern oder in Gärten. ✿ Jun–Okt

Einjährig, oft wintergün, 20–40 cm hoch; Stängel ästig, 4-kantig, ohne Milchsaft, auf ganzer Länge beblättert; **Blätter** hellgrün, lanzettlich; **Blüten** zwei- oder einhäusig, grünlich.

Vorkommen Gärten, Hackfruchtäcker, Brachen, Wegränder. S-EU; in gemäßigten Breiten weltweit; in D v. a. in der Weinbauregion.

Tellerkraut

Claytonia perfoliata · Fam. Quellkrautgew.

Hochblätter paarweise kreisförmig-tellerähnlich verwachsen. ✿ Mai–Jun

Einjährig, bis 20 cm hoch; Grund**blätter** lang gestielt, rosettig, länglich eiförmig; **Blüten** grünlich weiß, bis 8 mm breit, in Rispen.

Hochblatt mit Früchten

Vorkommen Gärten, Baumscheiben, Friedhöfe, Parkanlagen, Mauern. Stammt aus dem pazifischen N-Amerika, wurde in M.-EU zeitweilig als Salatpflanze kultiviert („Kubaspinat") und verwildert.

Stinkende Nieswurz

Grüne Nieswurz

Rotbeerige Zaunrübe

Wald-Bingelkraut

Einjähriges Bingelkraut

Tellerkraut

Gewöhnlicher Hopfen

Humulus lupulus · Familie Hanfgewächse

Rechtswindende (Ausnahme!) Kletterpflanze mit rauem Stängel und 3- bis 5-teilig gelappten, rauen Blättern. ✩ Jul–Aug

Mehrjährig, Stängel dünn, bis zu 6 m hoch; **Blüten** zweihäusig, ♂ unscheinbar, in 5–10 cm langen Rispen in den Blattachseln, ♀ Blüten in lang gestielten, hellgrünen, 2–3 cm langen, zapfenähnlichen Scheinähren („Hopfendolden").

Vorkommen Gern nährstoffreiche, sickerfeuchte, lockere Böden in Auwäldern und Ufergebüschen. EU; in D meist in den großen Flusstälern; regional auch in Stangenkulturen angebaut (nur ♀ Pflanzen).

Wissenswert! Harzdrüsen auf der Innenseite der Tragblätter von ♀ Blütenständen bilden die Hopfenbitterstoffe. Die Extrakte der Fruchtstände dienen seit dem Mittelalter zur Abrundung des Biergeschmacks.

Hanf

Cannabis sativa · Familie Hanfgewächse

50–220 cm hoch, Stängel aufrecht, kurzhaarig, Blätter fingerförmig geteilt mit lanzettlichen, gesägten Abschnitten. ✩ Jul–Aug

Einjährig, Stängel bräunlich, meist unverzweigt; **Blätter** gegenständig, die unteren lang gestielt, die oberen sitzend; **Blüten** zweihäusig, unscheinbar, ♂ in endständigen Rispen, ♀ in dichten Scheinähren.

Vorkommen Äcker, Schuttstellen, Brachland. Stammt aus Asien, in D in vielen Regionen wieder zunehmend als Kulturpflanze angebaut; unbeständig verwildert.

Wissenswert! Hanf ist eine vielseitig verwendbare Pflanze, die wegen Missbrauchs als Rauschdroge zu Unrecht in Verruf geraten ist. Zum Anbau zugelassen sind in D nur nahezu rauschgiftfreie Sorten, die zur Öl- oder Fasergewinnung genutzt werden.

Große Brennnessel

Urtica dioica · Familie Brennnesselgewächse

30–200 cm hohe Hochstaude mit aufrechtem, unverzweigtem, 4-kantigem Stängel und unscheinbaren Blüten. ✩ Jun–Okt

Mehrjährig, Stängel faserig, oft rötlich; **Blätter** graugrün, gegenständig, länglich oval, grob gesägt, wie der Stängel mit langen Brennhaaren besetzt; Pflanze zweihäusig; **Blüten** grünlich grau, zahlreich in hellgrünen, schlanken, aus den Blattachseln herabhängenden Rispen; die Pollen werden aus explodierenden Staubbeuteln in kleinen Wolken freigesetzt.

Vorkommen Wegränder, Brachland, Hecken, Schuttstellen, Wälder. Stickstoff-Zeigerpflanze. Überall in EU häufig, in gemäßigten Breiten heute weltweit. Wildgemüse-, Heil- und Nutzpflanze (Nesseltuch).

Wissenswert! Wird als Wildgemüse-, Heil- und Nutzpflanze (Nesseltuch) verwendet.

Kleine Brennnessel

Urtica urens · Familie Brennnesselgewächse

10–50 cm hohes Ackerwildkraut mit meist unverzweigtem, 4-kantigem Stängel und unscheinbaren Blüten. ✩ Jun–Okt

Einjährig; **Blätter** kreuzgegenständig, gestielt, eiförmig, 1–5 cm lang und 1–4 cm breit, tief und scharf gesägt, an der Basis breit keilförmig oder nahezu rechtwinklig gestutzt, niemals herzförmig wie bei der verwandten Großen Brennnessel; **Blüten** graugrün, einhäusig, zahlreich in kurzen, waagrecht abstehenden oder wenig hängenden Rispen. Alle Teile mit Brennhaaren, diese brennen wesentlich stärker als bei der großwüchsigen Verwandten.

Vorkommen Hackfruchtäcker, Gemüsegärten, Ruderalstellen, Dungplätze, Abfallgruben; erträgt extrem hohe Anreicherung von Stickstoffverbindungen im Boden. In EU weit verbreitet, in D überall häufig bis zerstreut.

Gewöhnlicher Hopfen

Hanf

Große Brennnessel

Kleine Brennnessel

Buchweizen

Fagopyrum esculentum · Fam. Knöterichgew.

Nur zur Blütezeit auffällige Pflanze mit zumeist rötlichem Stängel. ✿ Jul–Okt

Einjährig, bis 60 cm hoch; **Blätter** pfeilförmig mit herzförmiger Basis, Nebenblätter tütenförmig verwachsen; **Blüten** in Schirmtrauben, nektarreich.
Vorkommen Äcker, Schuttstellen, Wegränder. In M.- und S-EU verbreitet.
Wissenswert! Die stärkereichen, kantigen Nussfrüchte dieser alten Kulturpflanze sind ein wichtiges Nahrungsmittel.

Knäuel-Ampfer

Rumex conglomeratus · Fam. Knöterichgew.

Bis 80 cm hoch, mit unscheinbaren, kleinen Blüten. ✿ Jul–Sep

Mehrjährig, Stängel kräftig; **Blätter** länglich oval, Grundblätter gestielt, bis zu 25 cm lang, obere Stängelblätter sitzend; **Blüten** in quirlständigen, dichten Knäueln mit jeweils eigenem Tragblatt.
Vorkommen Waldlichtungen, Wegränder, Gräben, auf stickstoffreichen, frischen Böden (Zeigerpflanze). In EU weit verbreitet, fehlt im Bergland.

Stumpfblättriger Ampfer

Rumex obtusifolius · Familie Knöterichgew.

Bis 120 cm hoch, mit großen, dunkelgrünen Blättern. ✿ Jun–Aug

Mehrjährig; **Blätter** an der Basis herzförmig, vorne stumpf, bis 40 cm lang; Blütenstand ohne Blätter, **Blüten**hüllblätter gezähnt (Zeichnung), Blüten windbestäubt.
Vorkommen Brachland, Schuttplätze, Wegränder, vorzugsweise auf stickstoffreichen und gestörten Böden (Zeigerpflanze). In EU weit verbreitet und beinahe überall ziemlich häufig.

Krauser Ampfer

Rumex crispus · Familie Knöterichgewächse

Formenreiche, meist recht kräftige Pflanze, Blätter lederig. ✿ Jun–Aug

Mehrjährig, 50–120 cm hoch; **Blätter** gestielt, 6–8 cm breit, bis zu 30 cm lang, wellig kraus; **Blüten** in dichten Knäueln; Blütenhüllblätter ohne Fransen.
Vorkommen Gärten, Äcker, Wegränder; feuchte, nährstoffreiche Lehm- und Tonböden; Rohbodenpionier. In EU weit verbreitet, in D fast überall häufig, stellenweise lästiges Wildkraut.

Wiesen-Sauerampfer

Rumex acetosa · Familie Knöterichgewächse

Typische Wiesenpflanze mit nur wenig beblättertem Stängel. ✿ Mai–Jul

Mehrjährig, bis zu 120 cm hoch; Stängel nur im Blütenstand ästig; Grund**blätter** gestielt, Stängelblätter sitzend, mit abwärtsgerichteten Spießecken, Wildgemüse, durch Oxalsäure säuerlich; **Blüten** zweihäusig in Rispen.
Vorkommen Wiesen, Weiden, Brachen, Wegränder, vorzugsweise auf lockeren Lehmböden. Überall in EU häufig.

Kleiner Sauerampfer

Rumex acetosella · Fam. Knöterichgewächse

Dem Wiesen-Sauerampfer sehr ähnlich, aber deutlich kleiner. ✿ Mai–Jul

Mehrjährig, bis 30 cm hoch; **Blätter** schmal lanzettlich mit meist aufwärtsgebogenen, verlängerten Spießecken; **Blüten** zweihäusig, in Rispen.
Vorkommen Trockene Sandfluren, Dünen, Trockenwiesen, Wegränder; meidet Kalkböden. Magerkeitszeiger. In EU weit verbreitet; in D überall ziemlich häufig.

Buchweizen

Knäuel-Ampfer

Stumpfblättriger Ampfer

Krauser Ampfer

Wiesen-Sauerampfer

Kleiner Sauerampfer

Schild-Sauerampfer

Rumex scutatus · Familie Knöterichgewächse

20–40 cm, bläulich grüne, ziemlich breite Blätter. ✿ Mai–Aug

Mehrjährig; **Blätter** rundlich, 2–6 cm lang bzw. breit, an der Basis mit 2 breiten Spießecken; **Blüten** zweihäusig, gestielt, ohne Tragblätter, zu wenigen in lockerer Rispe. **Vorkommen** Offene, besonnte Steinschutt- und Geröllböden, Mauern. In EU weit verbreitet, aber zerstreut, im südlichen Bergland bis in über 2000 m Höhe.

Weißer Gänsefuß

Chenopodium album · Fam. Amarantgew.

Formenreich, aufrecht oder aufsteigend, mehlig überlaufen. ✿ Jul–Sep

Einjährig; Stängel bis 2 m hoch, ästig verzweigt; **Blätter** rautenförmig bis lanzettlich, oft buchtig gelappt, bläulich grün; **Blüten** unscheinbar weißlich grün, sehr zahlreich in dichten Rispen, windbestäubt. **Vorkommen** Äcker, Gärten, Wegränder, Bahndämme, Brachen, Schuttstellen; Stickstoffzeiger. In EU nahezu überall häufig. Früher als Wildgemüse.

Strand-Salzmelde

Atriplex portulacoides · Fam. Amarantgew.

Bis 50 cm hoch, strauchartig, mit am Grund verholzten Stängeln. ✿ Jul–Okt

Mehrjährig; **Blätter** graugrün, dicklich, unten gegen-, weiter oben wechselständig, eiförmig, bis 5 cm lang; **Blüten** eingeschlechtig, aber einhäusig, in knäueligen Trauben. **Vorkommen** Salzige Böden, Salzwiesen, Prielränder. NW-Europa; in D nur an der Nordsee. Ist das NW-europäische Pendant zur tropischen Mangrove.

Strand-Melde

Atriplex littoralis · Fam. Amarantgewächse

Bis 70 cm hoch, stark verzweigt, liegend oder aufsteigend. ✿ Jul–Sep

Einjährig; **Blätter** kurz gestielt, anfangs grauschuppig, später kahl, linealisch-lanzettlich, fleischig, fast glattrandig; **Blüten** eingeschlechtig, in dichten Knäueln; **Früchte** nur bis 1 mm groß, einsamig. **Vorkommen** Spülsäume, salzige Schlickböden. W-EU, auch an der Nord- und Ostseeküste.

Spieß-Melde

Atriplex prostrata · Fam. Amarantgewächse

30–90 cm hoch, ästig, mit liegendem oder aufrechtem Stängel. ✿ Jun–Sep

Einjährig, kräftig; **Blätter** wechselständig, dreieckig spießförmig, glattrandig oder gezähnt; **Blüten** eingeschlechtig, zahlreich in einer knäueligen Ährenrispe. **Vorkommen** Brachland, Schuttstellen, Müllplätze, Gräben, Spülsäume der Küste; Stickstoffzeiger. Fast überall in EU häufig.

Queller

Salicornia europaea · Fam. Amarantgew.

Blätter dickfleischig, Stängel aufrecht oder liegend, verzweigt. ✿ Aug–Sep

Vielgestaltig, einjährig, Stängel dicht von schuppigen Blättern umhüllt, ab Spätsommer blut- bis karminrot gefärbt; **Blüten** winzig, in kleinen Vertiefungen am Spross. **Vorkommen** Salzhaltige Schlickböden. Meeresküsten von EU, Salzquellen im Binnenland.

Schild-Sauerampfer

Weißer Gänsefuß

Strand-Salzmelde

Strand-Melde

Spieß-Melde

Queller

Strand-Sode

Suaeda maritima · Fam. Amarantgewächse

Blätter dick, Stängel oft rötlich, aufrecht oder aufsteigend. ✿ Jul–Sep

Einjährig, 10–30 cm hoch; **Blätter** sitzend, meist wechselständig, dickfleischig, erst blaugrün, im Spätsommer blutrot, 1–4 cm lang, Oberseite abgeflacht, unten gewölbt; **Blüten** winzig, zu wenigen in den Blattachseln.
Vorkommen Salzhaltige Schlickböden. An europäischen Meeresküsten, Nord- und Ostseeküste.

Wassernuss

Trapa natans · Fam. Blutweiderichgewächse

Schwimmpflanze, Blätter rautenförmig, vorn grob gezähnt. ✿ Jun–Aug

Einjährig; Blattstiele als Schwimmbojen blasig, oft rötlich überlaufen, Unterwasserblätter zipfelig; **Blüten** einzeln in Blattachseln, 4 Kronblätter, Kelch mit 4 hornförmigen Fortsätzen.
Vorkommen Sommerwarme, stehende Gewässer, Altarme; gelegentlich in Gartenteichen. Weltweit; in D sehr vereinzelt und gefährdet. §

Ähriges Tausendblatt

Myriophyllum spicatum · F. Tausendblattgew.

Bis 120 cm lang, untergetaucht oder flutend, Blätter in Quirlen. ✿ Jun–Aug

Mehrjährig; **Blattspreiten** 2–5 cm lang, gefiedert, Seitenfiedern zahlreich, borstenartig; **Blüten** winzig, in einer Ähre über Wasser.
Vorkommen Stehende oder langsam fließende Gewässer. In M.- und S-EU; in D relativ verbreitet. Wichtige Laichpflanze. Auch im subtropischen Afrika.

Feld-Beifuß

Artemisia campestris · Fam. Korbblütengew.

Stängel aufsteigend oder aufrecht, ästig, braunrot, kantig. ✿ Jul–Okt

Mehrjährig, 20–60 cm hoch; untere **Blätter** gestielt, die oberen eher sitzend, untere 2- bis 3-fach fiederteilig, obere meist nur einfach, wenig behaart bis kahl; **Blütenköpfchen** 3 mm breit, zahlreich in großen Rispen, alle Blüten röhrenförmig, grünlich-rot.
Vorkommen Trockenrasen, Felsfluren, Dünen, bevorzugt kalkhaltige, sandig-steinige Böden. In EU weit verbreitet, in D im Tiefland und in den Mittelgebirgen.

Gewöhnlicher Beifuß

Artemisia vulgaris · Familie Korbblütengew.

Bis 1,5 m hoch, Stängel fest, kantig und braunrot. ✿ Jul–Okt

Mehrjährig; **Blätter** grob gezähnt bis fiederteilig; **Blüten**körbchen 2–3 mm breit, nur mit Röhrenblüten, äußere ♀, innere zwittrig, zahlreich in Rispen. Wichtige Würz- und Heilpflanze.
Vorkommen Brachen, Wegränder, Böschungen; Lehm- und Nährstoffzeiger. Fast überall in EU verbreitet, häufig.

Tannenwedel

Hippuris vulgaris · Fam. Wegerichgewächse

Kräftige, bogig aus dem Wasser aufsteigende Pflanze. ✿ Jun–Aug

Mehrjährig, 20–50 cm lang; **Blätter** zu 4–20 quirlständig, steif abstehend, linealisch, bis 3 mm breit und bis 2 cm lang, kräftig grün; **Blüten** sehr unscheinbar.
Vorkommen Röhrichte nährstoffreicher stehender oder langsam fließender Gewässer. In EU verbreitet; in D meist zerstreut, in Parks angepflanzt.

Strand-Sode

Wassernuss

Ähriges Tausendblatt

Feld-Beifuß

Gewöhnlicher Beifuß

Tannenwedel

Großer Wegerich, Breit-W.

Plantago major · Familie Wegerichgewächse

10–40 cm hoch, an Wegen, Blätter in bodenanliegender Rosette. ✩ Jun–Okt

Mehrjährig; **Blätter** kahl, Spreite im Umriss breit oval, 10–15 cm lang, mit 3–9 deutlichen parallelen Nerven, plötzlich in den kräftigen Stiel verschmälert; **Blüten** zahlreich in einer schlanken, bis 15 cm langen Ähre.

Vorkommen Wege, Plätze, Abfallstellen. In EU häufig. Kennart der Trittvegetation, erträgt mechanische Belastung.

Mittlerer Wegerich

Plantago media · Familie Wegerichgewächse

Blätter kurz gestielt, locker behaart, in bodenanliegender Rosette. ✩ Mai–Sep

Mehrjährig, 15–40 cm hoch; **Blatt**spreiten länglich oval; **Blüten** weißlich mit hellpurpurnen Staubblättern, zahlreich in einer 2–6 cm langen, walzenförmigen Ähre. Tierbestäubt.

Vorkommen Magerwiesen, Halbtrockenrasen, Wegränder. In EU weit verbreitet; in D stellenweise aber durchaus selten.

Spitz-Wegerich

Plantago lanceolata · Fam. Wegerichgew.

Alle Blätter in einer Rosette, jedoch meist aufrecht und nicht bodenanliegend. ✩ Apr–Okt

Mehrjährig, 10–50 cm hoch; **Blätter** schmal lanzettlich (wissenschaftlicher Name!), 2–4 cm breit und 10–30 cm lang; **Blüten** bräunlich, mit langen Staubfäden, in zylindrischer ovaler Ähre auf 5-kantigem Schaft.

Vorkommen Wiesen, Weiden, Wegränder, Säume, Schuttplätze. In EU überall häufig.

Strand-Wegerich

Plantago maritima · Fam. Wegerichgewächse

Blätter grundständig, fleischig, schmeckt salzig. ✩ Jul–Sep

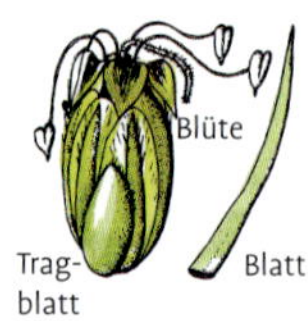

Mehrjährig, 15–30 cm hoch; **Blätter** nur 2–6 mm breit, 5–15 cm lang, oberseits mit Rinne, fein gezähnt; **Blüten** bräunlich, mit hellgelben Staubblättern, in zylindrischer Ähre. Windbestäubt.

Vorkommen Salzwiesen, Deichvorland, Felsspalten in der Spritzwasserzone. Sämtliche Küstengebiete in EU.

Krähenfuß-Wegerich

Plantago coronopus · Fam. Wegerichgew.

4–25 cm hoch, bodenanliegende, leicht verdickte Blätter. ✩ Jun–Sep

Ein- bis mehrjährig; **Blätter** 4–8 cm lang, tief fiederspaltig, Zipfel linealischen, behaart; **Blüten** in schlanker, 3–8 cm langer Ähre, Tragblatt mit langer Spitze. Windbestäubt.

Vorkommen Salzwiesen, Deichgrünland, meeresnahe Ruderalstellen. Klippen oberhalb der Spritzwasserzone. Sämtliche Küstengebiete in EU.

Sand-Wegerich

Plantago indica · Familie Wegerichgewächse

Einziger Wegerich mit (meist) verzweigtem Stängel. ✩ Jun–Sep

Einjährig, 20–40 cm hoch; **Blätter** gegenständig, schmal linealisch, kaum gezähnt, wenig behaart; **Blüten** in gestielten, kugeligen Ähren in den oberen Blattachseln. Windbestäubt.

Vorkommen Dünen, Sandwege, Ruderalflächen, Bahnschotter. In EU zerstreut; in D vor allem östlich der Elbe sowie am Rhein.

Großer Wegerich, Breit-Wegerich

Mittlerer Wegerich

Spitz-Wegerich

Strand-Wegerich

Krähenfuß-Wegerich

Sand-Wegerich

Zurückgekrümmter Fuchsschwanz *Amaranthus retroflexus*

Bis 150 cm hoch, Stängel aufrecht, flaumig behaart, mit zahlreichen kleinen, grünlichen Blüten. ✩ Jul–Sep

Einjährig; Stängel kräftig, aufrecht, flaumig behaart; **Blätter** wechselständig, gestielt, Spreite rhombisch, unterseits nur auf den Blattnerven stärker behaart; **Blüten** rundlich, in dichten, endständigen Ähren.

Vorkommen Wegränder, Brachen, Schuttstellen, Bahngelände. Stammt aus Nordamerika; in den Wärmegebieten des südlichen M.-EU als Neophyt weit verbreitet, oft nur unbeständig.

Wissenswert! Neben dieser auch als Amarant bekannten Art kommen in M.-EU weitere Fuchsschwanz-Arten vor, die erst im 19. Jh. aus N-Amerika oder dem Mittelmeerraum eingeschleppt wurden.

Wasserfalle

Aldrovanda vesiculosa · Fam. Sonnentaugew.

Schwimmt mit Blättern und Stängeln frei und ohne Wurzeln dicht unter der Wasseroberfläche. ✩ Jul–Aug

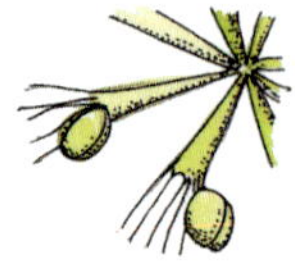

Mehrjährig, 10–20 cm lang; Stängel nicht oder wenig verzweigt; **Blätter** quirlständig, im unteren, stängelartigen Teil etwa 2 mm breit, im oberen Teil rundlich und 0,5–1 cm breit; in der Mitte längs gefaltet, am Rand mit langen Fühlborsten; **Blüten** unscheinbar grünlich, 5–8 mm breit, auf langen Stielen.

Vorkommen Nährstoffreiche, stehende, sommerwarme Gewässer. Von W-EU bis O-Asien; in M.-EU selten, in D überaus selten (Mecklenburg, Bodenseegebiet) und vom Aussterben bedroht. §

Wissenswert! Nach Berührung durch kleine Wassertiere klappen die beiden Blatthälften schlagartig zusammen. Verdauungsenzyme zerlegen dann die Beute.

Feld-Mannstreu

Eryngium campestre · F. Doldenblütengew.

Distelartig aussehende, graugrüne Pflanze mit ästigen, starren Stängeln und zahlreichen weißen bis grünlichen Blüten. ✩ Jul–Aug

Mehrjährig, 15–70 cm hoch, Stängel aufrecht oder ausgebreitet; **Blätter** ungeteilt oder handförmig fiederteilig, steif, am Rand mit dornigen Spitzen, die unteren gestielt, die oberen sitzend, lederig derb, weißlich grün; **Blüten** in bis zu 1,5 cm breiten, kugeligen, dichtblütigen Köpfchen mit lanzettlichen, starren, dornigen Hüllblättern.

Vorkommen Trockenrasen, Felsfluren, Wegränder, sonnige Gebüsche, Kiesgruben; liebt kalkhaltige Lehm- oder Lössböden. M.- und S-EU; in D nur zerstreut.

Wissenswert! Ihre auffällige Disteltracht ist in der Familie eher ungewöhnlich.

Stranddistel

Eryngium maritimum · F. Doldenblütengew.

Sehr auffällige und attraktive, graugrüne oder bläuliche Pflanze mit aufrechten, sparrig verzweigten Stängeln. ✩ Jun–Okt

Zwei- bis mehrjährig, distelartig, bis zu 60 cm hoch, oft auch als halbkugeliger Busch; Grund**blätter** lang gestielt, Stängelblätter sitzend, Spreite derb, starr, im Umriss rundlich nierenförmig bis lappig gebuchtet, am Rand mit langen, dornigen Spitzen, grauweiß, meist graublau überlaufen; **Blüten** sehr klein, zahlreich in dichten, von bläulichen Hochblättern umgebenen Köpfchen, diese zu mehreren in lockeren, wenigstrahligen Scheindolden.

Vorkommen Weiß- und Graudünen an der Küste. Vom Mittelmeer bis zur Ostsee, stellenweise selten; fehlt im Binnenland. §

Zurückgekrümmter Fuchsschwanz

Wasserfalle

Feld-Mannstreu

Stranddistel

Einbeere

Paris quadrifolia · Fam. Einbeerengewächse

10–30 cm hohe Rhizompflanze mit aufrechtem, unverzweigtem, glattem Stängel und unscheinbaren Blüten. ✿ Apr–Mai

Mehrjährig; **Blätter** meist zu 4 quirlständig, netznervig; **Blüten** 4-zählig, lang gestielt, endständig, 2–3 cm breit, die 4 äußeren Blütenblätter hellgrün, die 4 inneren kürzer und gelblich, Fruchtknoten schwarz glänzend. Alle Teile der Pflanze, besonders aber die stahlblaue Beere (kl. Bild) giftig!
Vorkommen Lichte Wälder; gern auf nährstoffreichem, humosem, lockerem Boden. Fast ganz EU, vor allem aber in M.-EU.
Wissenswert! Unterscheidet sich von den meisten übrigen Einkeimblättrigen durch die ausgeprägte Netznervatur der Laubblätter und die Vierzähligkeit der Blüten. Bildet mit Wurzelpilzen eine Mykorrhiza.

Nestwurz

Neottia nidus-avis · Fam. Knabenkrautgew.

Eigenartig bleiche bis bräunliche Waldpflanze ohne Blattgrün, mit aufrechtem, unverzweigtem, rundem Stängel ohne Blätter. ✿ Mai–Jun

Mehrjährig, 20–40 cm hoch; sämtliche Laub**blätter** zu bleichen Schuppen zurückgebildet; **Blüten** zahlreich in einer dichten, allseitswendigen Ähre, bis zu 1,5 cm groß, bräunlich, seltener strohgelb, ohne Sporn.
Vorkommen Hauptsächlich in Buchenwäldern. In M.-EU weit verbreitet; in ganz D zerstreut vorkommend. §
Wissenswert! Die auf den ersten Blick einer Sommerwurz-Art (⇨ z. B. S. 122) ähnelnde Pflanze ernährt sich ausschließlich mithilfe eines großen Wurzelgeflechts, das Kontakt zu den Wurzelpilzen (Mykorrhiza) von Rotbuchen unterhält. Über den Umweg der Mykorrhiza bezieht die N. ihre Nährstoffe aus den Baumwurzeln.

Großes Zweiblatt

Neottia ovata · Fam. Knabenkrautgewächse

20–60 cm hoch, mit aufrechtem, unverzweigtem, drehrundem Stängel und grünlichen Blüten. ✿ Mai–Jun

Mehrjährig; meist nur 2 gegenständige **Blätter**, breit oval, bis zu 14 cm lang, derb, sitzen am Stängel kurz über dem Boden, unterhalb ist der Stängel kahl, darüber drüsig behaart; **Blüten** bis 2 cm lang, Lippe grünlich gelb, um 11 mm lang, bis zur Hälfte gespalten und mit eingetiefter Nektarrinne, ohne Sporn; Blütenstand bis 25 cm lang.
Vorkommen Laub- und Auenwälder, Feuchtwiesen, Gebüsche; gern auf nährstoffreichem und kalkhaltigem Lehmboden. Fast überall in EU; in D vom Tiefland bis ins Gebirge, in den Alpen bis 1600 m.
Wissenswert! Die Blüten werden vor allem von Fliegen bestäubt.

Bocks-Riemenzunge

Himanthoglossum hircinum · F. Knabenkr.g.

30–90 cm hoch, mit aufrechtem, unverzweigtem Stängel und zahlreichen blassgrünlichen Blüten. ✿ Mai–Jul

Mehrjährig; **Blätter** breit lanzettlich, bis zu 15 cm lang, glattrandig, bläulich grün, beginnen bereits zur Blütezeit zu welken; **Blüten** zu 20–60 in einer langen Ähre, Einzelblüten 5–7 cm lang, mitunter rötlich überlaufen, duften wenig angenehm nach Ziegenbock (Name!), mit kurzem, sackartigem Sporn, Lippe tief 3-teilig, Seitenlappen kraus, Mittellappen sehr lang und mehrfach gedreht. Blüht nicht jährlich.
Vorkommen Trockenrasen, lichte Gebüsche; meist lockere, kalkhaltige Lössböden. Vor allem in S.-EU; in D sehr vereinzelt, erreicht hier ihre Nordgrenze. §

Einbeere

Nestwurz

Großes Zweiblatt

Bocks-Riemenzunge

Schwimmendes Laichkraut

Potamogeton natans · Fam. Laichkrautgew.

50–200 cm lang, Schwimmblattpflanze, Stängel lang, flutend. ✿ Mai–Aug

Mehrjährig, Schwimm**blätter** lang gestielt, oval, zugespitzt, 2–7 cm breit, 4–12 cm lang, Basis leicht herzförmig; untergetauchte Blätter linealisch, zur Blütezeit verfault; **Blüten** ohne Blütenhülle, in dichter Ähre.

Vorkommen Stehende, nährstoffreiche Gewässer. In EU weit verbreitet; in D recht häufig.

Kalmus

Acorus calamus · Familie Kalmusgewächse

50–150 cm hoch, schwertlilienähnliche Sumpf- und Uferpflanze. ✿ Jun–Jul

Mehrjährig; **Blätter** schwertförmig; der vom Tragblatt überragte, kolbenförmige **Blüten**stand scheinbar seitenständig, weil das Tragblatt wie ein fortgesetzter Stängel erscheint, Einzelblüten klein. Samenansatz nur in den Tropen.

Vorkommen Röhricht; früher als Aromapflanze in Gärten. Stammt aus SW-Asien, wurde durch Alexander d. Gr. nach Kleinasien gebracht und gelangte von dort nach M.-EU; vielerorts eingebürgert.

Zwergwasserlinse

Wolffia arrhiza · Familie Aronstabgewächse

Winzige, linsenförmige Schwimmpflanze ohne Wurzel. (✿ Jun–Aug)

Mehrjährig, 1 mm breit und lang, unterseits leicht gewölbt und weißlich; gilt als kleinste Blütenpflanze der Welt, blüht in EU nicht, Vermehrung vegetativ; Ausbreitung durch Wasservögel.

Vorkommen Stehende, sommerwarme, mäßig nährstoffreiche Gewässer weltweit. In M.-EU selten und unbeständig im Tiefland.

Kleine Wasserlinse

Lemna minor · Fam. Aronstabgewächse

Linsenförmig, schwimmend, mit 2–3 mm breiten, blattähnlichen, Gliedern, je eine Wurzel. ✿ Mai–Aug

Mehrjährig; meist zu 2–5 zusammenhängend; **Blüten** oft fehlend; Vermehrung vor allem durch Abgliederung von Sprossteilen, Verbreitung durch Wasservögel.

Vorkommen Bildet Schwimmdecken auf nährstoffreichen Stillgewässern. Fast überall häufig.

Aronstab

Arum maculatum · Familie Aronstabgewächse

Auffallende Waldpflanze; alle Blätter grundständig, lang gestielt; Blütenstand mit großem, bleichem Hochblatt. ✿ Apr–Mai

Mehrjährig, 15–50 cm hoch; Spreite pfeilförmig, netznervig, glänzend dunkelgrün, meist mit schwarzroten Flecken; **Blüten**stand kolbenförmig, ♂ Blüten an dessen Basis über den ♀; **Früchte** rot. Alle Teile giftig!

Vorkommen Laubwälder, Gebüsche, Auen. M.- und S-EU; in D vor allem im Mittelgebirge.

Wissenswert! Der purpurbraune Teil lockt mit unangenehmem Geruch Schmetterlingsfliegen an. Diese stürzen in die bleichgrüne Kesselfalle, deren Ausgang mit Reusenborsten versperrt ist. Erst nach erfolgter Bestäubung und Welken der Reuse wird der Weg nach draußen wieder frei.

Schwimmendes Laichkraut

Kalmus

Zwergwasserlinse

Kleine Wasserlinse

Aronstab

Artenverzeichnis

Bitte beachten

Neueste Verwandtschaftsuntersuchungen auf Basis molekularer Daten haben für etliche Gattungen eine andere Familienzugehörigkeit ergeben. So gehört der Baldrian jetzt zu den Geißblattgewächsen und die Ehrenpreis-Arten zu den Wegerichgewächsen. Dieses Buch berücksichtigt diese Erkenntnisse – auch wenn sie fallweise stark gewöhnungsbedürftig erscheinen mögen.

Bildquellen

Die Ziffer vor dem Punkt bedeutet die Seite, die Ziffer danach die Bildposition. Die Zählung läuft von links nach rechts und von oben nach unten.

Die Fotos stammen von **M. Pforr,** mit Ausnahme der folgenden:
O. Angerer: 37.3, 61.4, 125.4, 151.1;
blickwinkel/A. Held: Titelfoto
Dr. H. Bellmann: 21.1;
Dr. G. Ewald: 19.6, 21.4, 23.5, 45.2, 51.3, 54.2, 59.6, 63.6, 83.1, 95.5, 117.1, 119.3, 125.3, 125.6, 127.6, 139.1, 141.1, 155.1, 167.3, 170.1, 169.3, 169.5, 171.4, 179.5, 179.6;
Frank Hecker: 4, 5, 13, 15, 17, 103.1, 103.2;
Dr. R. König: 19.1, 22.2, 23.4, 26.1, 27.3, 28, 35.6, 47.6, 51.6, 54.1, 56, 79.2, 83.3, 83.4, 86, 93.1, 93.3, 99.1, 101.2, 102, 105.2, 113.3, 114, 115.1, 141.2, 143.5, 145.5, 153.2, 161.3, 163.6, 167.1, 167.6, 169.6, 170.2, 171.1, 173.1, 173.4, 175.2, 178.2, 179.3;
Dr. B. P. Kremer: 22.1, 42, 46.2, 52, 58, 62, 66, 67.2, 72.1, 72.2, 95.4, 100, 101.5, 104, 120.2, 124, 126.2, 126.3, 142.1, 156.1, 156.2, 162.2, 166, 178;
A. Limbrunner: 55.3, 55.6, 59.3, 95.6, 97.4, 121.1, 137.5, 144.1, 173.3, 176.1;
Dr. Richard Lorenz: 57.4, 103.3, 103.4;
Th. Muer: 33.5, 39.2, 55.5, 57.1, 61.3, 65.5, 99.2, 113.2, 119.5, 133.1, 151.2, 161.2, 165.4, 167.2, 171.4, 177.1;
B. Münker: 31.2, 111.1, 125.1, 141.3, 179.4;
H. Reinhard: 2.5, 25.4, 27.1, 29.3, 33.3, 37.1, 47.4, 47.5, 51.2, 59.4, 59.5, 63.1, 65.1, 67.3, 71.1, 75.3, 83.2, 95.2, 99.3, 113.5, 116.1, 127.1, 127.2, 127.3, 131.3, 133.2, 135.6, 137.1, 137.2, 139.5, 143.1, 147.5, 149.5, 157.1, 159.3, 161.5, 161.6, 163.2, 163.6, 167.5, 169.1, 169.2, 171.2, 173.5, 174.3, 177.4;
J. Schimmitat: 147.2, 147.3, 147.6;
H. Schrempp: 19.3, 21.2, 23.5, 27.2, 29.1, 29.2, 29.4, 31.1, 31.4, 34, 35.2, 35.3, 35.4, 35.5, 37.2, 37.4, 37.5, 39.1, 39.3, 39.4, 43.4, 44, 45.6, 51.4, 53.2, 53.3, 55.2, 57.3, 61.1, 61.2, 65.4, 67.6, 68.1, 68.2, 69.1, 69.4, 73.3, 75.1, 75.5, 77.3, 77.4, 81.2, 81.3, 81.5, 85.2, 85.6, 88, 91.4, 95.3, 97.6, 101.3, 105.4, 106.1, 106.2, 106.4, 106.5, 107.4, 107.5, 109.1, 109.5, 110.2, 112, 113.6, 121.3, 123.1, 123.3, 123.4, 125.5, 130, 131.1, 131.2, 132, 133.4, 137.3, 138, 139.3, 140.1, 141.4, 142.2, 143.6, 145.6, 149.4, 150, 155.3, 155.4, 155.5, 157.4, 159.1, 162.1, 163.3, 164.2, 167.4, 168, 169.5, 170.3, 173.2, 173.6, 175.1, 175.4;
G. Steinbach: 19.4, 24, 35.1, 43.2, 45.5, 46.1, 53.6, 69.2, 69.3, 71.2, 71.4, 75.6, 79.4, 81.6, 87.4, 95.1, 97.2, 99.4, 110.1, 113.1, 119.6, 120.1, 126.1, 129.3, 131.4, 135.1, 135.3, 136, 137.4, 145.4, 155.2, 155.6, 163.4, 165.3, 179.1;
P. Zeininger: 3.4, 45.1, 49.1, 53.1, 57.2, 63.4, 63.5, 65.2, 75.2, 77.1, 77.2, 85.4, 89.2, 91.1, 93.6, 119.1, 121.4, 123.6, 129.2, 139.4, 143.3, 147.4, 149.1, 149.2, 149.6, 151.3, 151.5, 157.3, 161.4;
P. Zeininger/M. Kühn: 3.3, 25.1, 25.3, 65.6, 67.5, 73.1, 82, 89.4, 105.3, 111.3, 111.6;
W. Zepf: 23.2, 67.1, 101.6, 105.5, 111.2, 113.4, 123.2, 125.2, 143.2, 145.2, 145.3;
Zoonar / Lothar Hinz: 135.2;
Zoonar/Shutterstock.com: 131.3.

Die Grafiken erstellten **Paschalis Dougalis** (vordere Umschlaginnenseite), **Reinhild Hofmann** und **Fritz Wendler.**
Das Icon Natur aktiv stammt von: **Boyko.Pictures/Shutterstock.com.**
Das Icon Natur Tipp stammt von: **Michaela Mayländer, www.sistermic.de.**

Der Autor

Dr. Bruno P. Kremer studierte Biologie und Chemie. Nach längerer Tätigkeit in der Forschung und als Journalist bildet er an der Universität zu Köln als Hochschullehrer im Zentrum für Mathematische und Naturwissenschaftliche Bildung Biologielehrer aus. Er veröffentlichte zahlreiche Zeitschriftenbeiträge sowie Sach- und Lehrbücher.

Der Herausgeber

Gunter Steinbach (†), geboren 1938, studierte bildende Künste in Hamburg und war Jahrzehnte im Verlagswesen tätig. Zuletzt lebte er auf seinem Einödhof im Allgäu, wo er sich praktisch und publizistisch der heimischen Natur widmete.

Haftungsausschluss

Die in diesem Buch enthaltenen Empfehlungen und Angaben sind von vom Autor mit größter Sorgfalt zusammengestellt und geprüft worden. Eine Garantie für die Richtigkeit der Angaben kann aber nicht gegeben werden. Autor und Verlag übernehmen keine Haftung für Schäden und Unfälle. Bitte setzen Sie bei der Anwendung der in diesem Buch enthaltenen Empfehlungen Ihr persönliches Urteilsvermögen ein.

Bibliografische Information der Deutschen Nationalbibliothek
Die Deutsche Nationalbibliothek verzeichnet diese Publikation in der Deutschen Nationalbibliografie; detaillierte bibliografische Daten sind im Internet über http://dnb.d-nb.de abrufbar.

Wollgrasweg 41, 70599 Stuttgart (Hohenheim)
Email: info@ulmer.de
Internet: www.ulmer.de
Lektorat: Ulf Müller
Projektleitung: Ina Vetter, Christine Schneider, Helen Haas
Umschlagentwurf: siegel konzeption | gestaltung, Stuttgart
Innengestaltung: Michaela Mayländer, www.sistermic.de
XML-Workflow: pagina GmbH, Tübingen
Satz: Fotosatz Buck, Kumhausen/Hachelstuhl
Druck und Bindung: Livonia Print, Riga
Printed in Latvia

MIX
Papier aus verantwortungsvollen Quellen
FSC® C002795
www.fsc.org

ISBN 978-3-8186-1421-8

STEINBACHS NATURFÜHRER

Tiere und Pflanzen zuverlässig und schnell bestimmen

3., akt. Auflage 2022. 384 Seiten, 775 Farbfotos, 535 Zeichnungen, kart. ISBN 978-3-8186-0725-8

3., akt. Auflage 2022. 192 Seiten, 425 Farbfotos, 103 Zeichnungen, kart. ISBN 978-3-8186-1418-8

3., akt. Auflage 2022. 192 Seiten, 526 Farbfotos, 18 Zeichnungen, kart. ISBN 978-3-8186-1419-5

5., akt. Auflage 2022. 192 Seiten, 445 Farbfotos, 288 Zeichnungen, kart. ISBN 978-3-8186-1420-1

Natur spielend entdecken

In diesem Naturführer finden Sie und Ihre Kinder über 200 Arten von Säugetieren, Vögeln, Eidechsen und Fröschen, Fischen, Insekten und anderen Krabbeltieren, von Blumen, Bäumen und Sträuchern. Die Texte sind bewusst kurz gehalten, dafür spannend, unterhaltsam und einprägsam. Forschertipps, Rezepte und Bau- und Bastelanleitungen bieten viele Tipps für Aktivitäten in der Natur.

Der große Naturführer für Kinder: Tiere und Pflanzen.

F. und K. Hecker. 2. Auflage 2020. 256 Seiten, 230 Farbfotos, 230 farbige Zeichnungen, kart. ISBN 978-3-8186-0914-6

Für die Beschreibung von Pflanzen und ihren Organen bewähren sich die hier dargestellten Begriffe – ergänzend zu der Musterpflanze auf der vorderen Umschlaginnenseite. Den Kronblättern zweikeimblättriger Pflanzen entsprechen die Blütenblätter der Einkeimblättrigen, z. B. der Liliengewächse. Diesen fehlen Kelchblätter.

vier Kronblätter (Mohn)

acht Kronblätter (Adonisröschen)

fünf Kronblätter (Fingerkraut)

Blütenstand mit Röhrenblüten (innen) und Zungenblüten (außen)

sieben Blütenblätter (Siebenstern)

sechs Kronblätter (Küchenschelle)

Blütenstand mit Zungenblüten

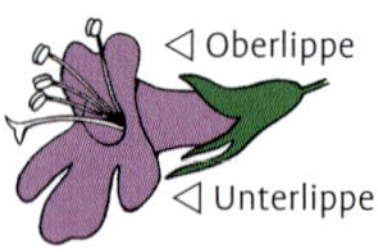

Lippenblüte (Minze)

zweiseitig symmetrisch

Körbchen im Querschnitt

Schmetterlingsblüte

getrenntblättrig

verwachsenblättrig

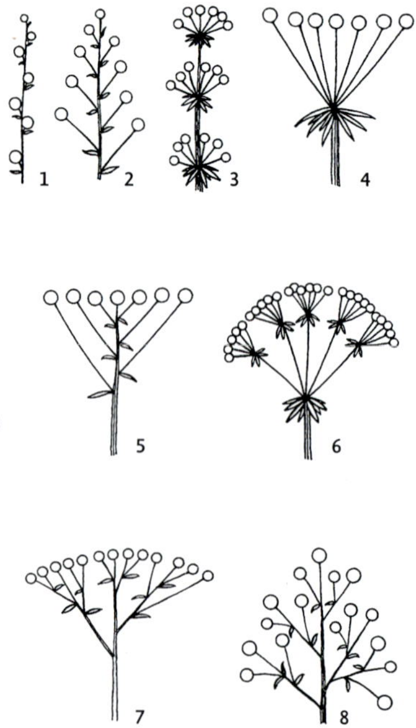

Blütenstände

1 Ähre 2 Traube 3 Quirl 4 Dolde mit Hülle 5 Doldentraube 6 zusammengesetzte Dolde: Hüllchen und Hülle 7 Doldenrispe 8 Rispe